探索发现百科全书
科技解密
DISCOVERY AND EXPLORATION

黄春凯★编

黑龙江科学技术出版社
HEILONGJIANG SCIENCE AND TECHNOLOGY PRESS

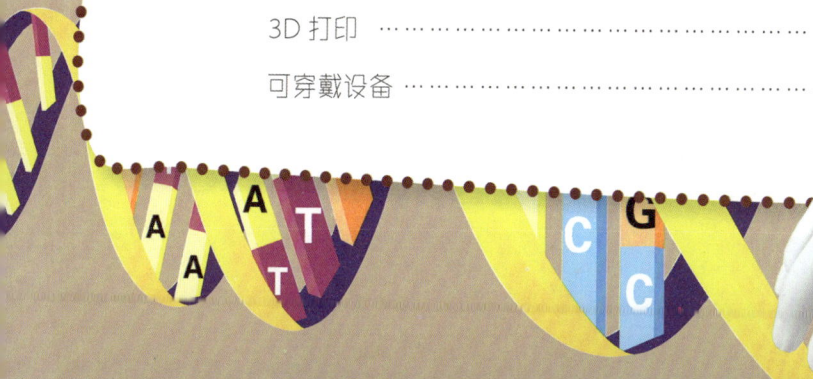

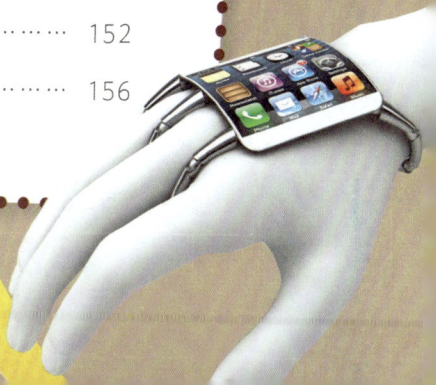

物　质

我们现存的世界是一个由物质构成的世界，无论是生活用品还是高楼大厦，甚至是自然景观以及外太空世界，都可称为物质。而从存在的形式划分的话，物质可分为固态、气态和液态三种形态。

生活中的各种用具

物质的类别

有些物质是看得见、摸得着的，也就是有形的物质；而有些物质是看得见、摸不着的，如宇宙中的星体；还有些看不见也摸不着的物质，如各种形式的电波和射线等；就连生活中常见的物质也有软硬、轻重以及嗅觉上的巨大差别。

宇宙中的星体

物质的性质

物质的性质有共性和特性之分。物质的特性是指组成该物质的成分，如铁、石膏、纸等都可称为物质；而对于铁来说，它在加热的条件下具有延展性。

铁在加热时，具有延展性。

水的三种状态分子示意图

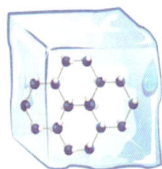

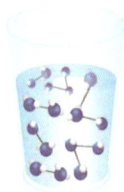

气态

存在形式

气态、固态和液态是物质最基本的三种存在形式。有的物质在不同的条件下，会出现不同的存在形式，即三种状态的互相转化。比如常态下的水，当温度低于0℃时，水以冰的形式存在；当温度高于100℃时，水便以蒸汽的形式存在。在三种形态的转换过程中，它们的分子运动方式也会出现变化。

固态　　　　液态

32°F
0°C

212°F
100°C

水的三种状态示意图

固态物质

固体是有固定的体积和形状，且质地坚硬的物质。固体物质内部的分子或原子排列紧密有序，分子间的引力很大。固体包含晶体和非晶体两个种类。水晶、金属、冰都属于晶体；而木头、牛奶、巧克力等物质则属于非晶体。

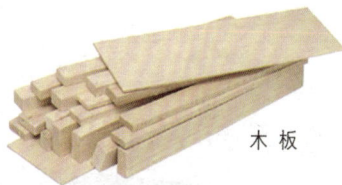

木板

钛钢管

固体的分子结构

晶体的分子结构

液体

液态物质

液体是流动的，没有固定的形状，而体积在恒定的条件下，也是固定不变的。当温度升高或是压力降低时，液体会出现汽化现象，变成气体。如水加热会汽化成水蒸气。有些液体在加压或是降温的条件下会出现凝固的现象。

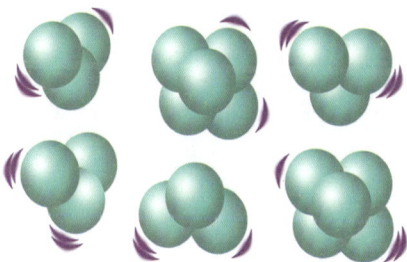

液体的分子结构

不管容器的容积有多大，气体分子都可以充满整个容器的空间

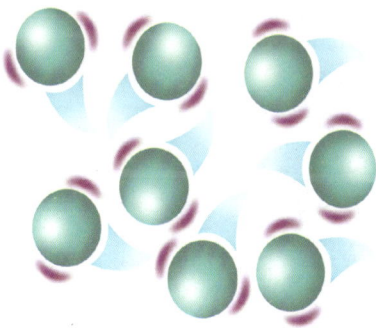

气态物质

与液体一样，气体也是可以流动且没有固定形状的；气体在压力增大的条件下，体积会缩小。进入到空气中的气体，没有外在的限制，会出现扩散现象，体积膨胀。气态物质的原子或分子之间排列松散，具有较高的动能。

气体的分子结构

固体

如果石墨和金刚石一样坚硬会怎样？

奇思妙想

石墨和金刚石看上去并不像，石墨很柔软，稍稍用力就能在纸上留下痕迹；而金刚石却是世界上最坚硬的物质。现在我们把它们放在一块儿说，是因为它们是由同一种元素构成的，那就是碳。如果石墨能够像金刚石一样坚硬，那么我们的铅笔只能将白纸划破，却写不出字来了。如果金刚石像石墨一样柔软的话，那么钻探用的钻头就不能打碎坚硬的岩石了。

那么问题来了，为什么同一种元素，却能够表现出不同的硬度呢？因为，构成石墨和金刚石的碳原子排列顺序不一样。构成石墨分子的碳原子是按照层状结构排列的，层与层之间的碳原子结合力很小。当有外界力量作用时，层之间很容易就发生滑动。所以我们用铅笔写字的时候，会感到笔尖在纸上滑动。还可以做这样一个实验，来证明石墨的润滑。取一张白纸，用铅笔涂满一大块地方，再用手指在铅笔印上轻轻滑动，可以很明显地感到，这里比没有用笔芯涂过的地方要滑。抬起手指，会有一些石墨粉末沾在手指上，这也是滑动的结果。

构成金刚石的碳原子按照一种立体结构排列，彼此交错，和周围的碳原子紧密结合。这个结构非常稳定，外力很难使它发生变化。所以，金刚石的性质非常坚硬。它形成于地球深处，那里的碳原子在高温高压的环境下形成了这种坚定稳固的排列方式。正是因为稀少，所以金刚石显得尤为珍贵。在工业钻探上，金刚石常常被用来做钻头，对付那些地下异常坚硬的石块。另外，金刚石还有一个特点就是晶莹剔透，在阳光下能够反射出七色的光彩，非常好看，因此金刚石也被作为世界上最宝贵的宝石，制作成了各种各样的饰品。

"万物博览会" 上的奇遇

最近，采矿队长的心情真是烦透了！本来他发现了一片天然矿石坑——这可是发财的好机会啊！——但他的采矿机上的钻头都不够硬，根本钻不开那种坚硬的岩石。他正四处寻找制作钻头的原材料呢！

有人告诉他："物质王国正在召开'万物博览会'，不如你去那里见识见识，也许能找到合适的原材料呢！"采矿队长觉得有道理，便带上一块岩石出门了。

"万物博览会"的现场还真是热闹：展品多得数不过来，每种物质都在表演自己的"绝活"——白纸正在表演书法；而铁剪刀正在表演剪花布；还有白银正在表演自己的"拉伸"魔术……看得人眼花缭乱的。

采矿队长四下看了一会儿，也没啥主意，只好找到大会主席，说明了自己的来意。大会主席急忙对大伙宣布了一个通知："大伙注意啦！采矿队长想从我们这里选出一个最优秀的钻头。谁能钻破他手上的岩石，就聘用谁——工资很高。"

大伙听了，都很感兴趣，它们围住采矿队长，纷纷要给他表演自己的绝活。

最先冲上来的是几块木头，它们觉得自己长得结实，伸手就去劈那块石头——可不动。它们红着脸下去了。

接着来了一块大黑铁，它一来，就伙都往后退一退，我手上的斧子可有力气，急忙后退几步。只见大黑铁一斧子劈了下去，"啪！"冒出火星了！而已，再看那大斧子，锋利的韧居然地下台去了。

石头却纹丝

粗声粗气地说道："大长眼啊！"大伙都知道它给那块石头摆了摆位置，便可是石头只是破了一层"皮"出现了豁口。大黑铁也灰溜溜

这时候，一个电钻蹦了上来，看它那样子还不如大黑铁长得结实呢！采矿队长也没抱什么希望，也就没太搭理它。可那小家伙竟也"大言不惭"地让大伙后退，大伙有了刚才的经验，都忍不住笑出了声。

可那电钻也不在意，左右转转，瞅准了一个相对平滑的位置，就钻了进去。"嗡！嗡！嗡！"一连串的轰鸣声过后，那坚硬的石头居然被钻成了两半。大伙都震惊极了，连采矿队长也惊得说不出话。过了一会儿，他急忙上前请教。那电钻笑着说："这也没什么，因为我的钻头是金刚石做的，专门用来对付那些坚硬的大岩石。你找我就准没错了。"

采矿队长佩服极了，当场就聘请电钻为他的采矿机安装金刚石钻头。

原 子

在化学领域中，原子是构成物质的最小的基本微粒，不能再进一步分割；但在物理领域中，原子则可以继续分割为离子；原子由原子核和绕核运动的电子共同构成，原子的直径和质量都极其微小，质量主要集中在质子和中子上。

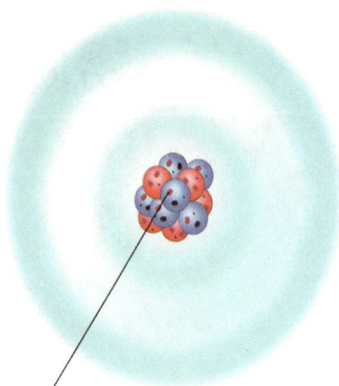

氧气

由单个原子构成的分子

两个氧原子组成一个氧分子

二氧化碳是由2个氧原子和1个碳原子组成的分子

双原子分子

氧原子

碳原子

碳原子

氧原子

碳原子

氢原子

原子核内带正电的质子和不带电的中子

原子核

原子核是原子的主要部分，它由带正电的质子和呈中性的中子组成，当质子数与电子数相同时，原子呈中性状态；否则，便处于带有正电荷或负电荷的离子状态。而质子数决定了原子的类型，即它是哪一种元素。

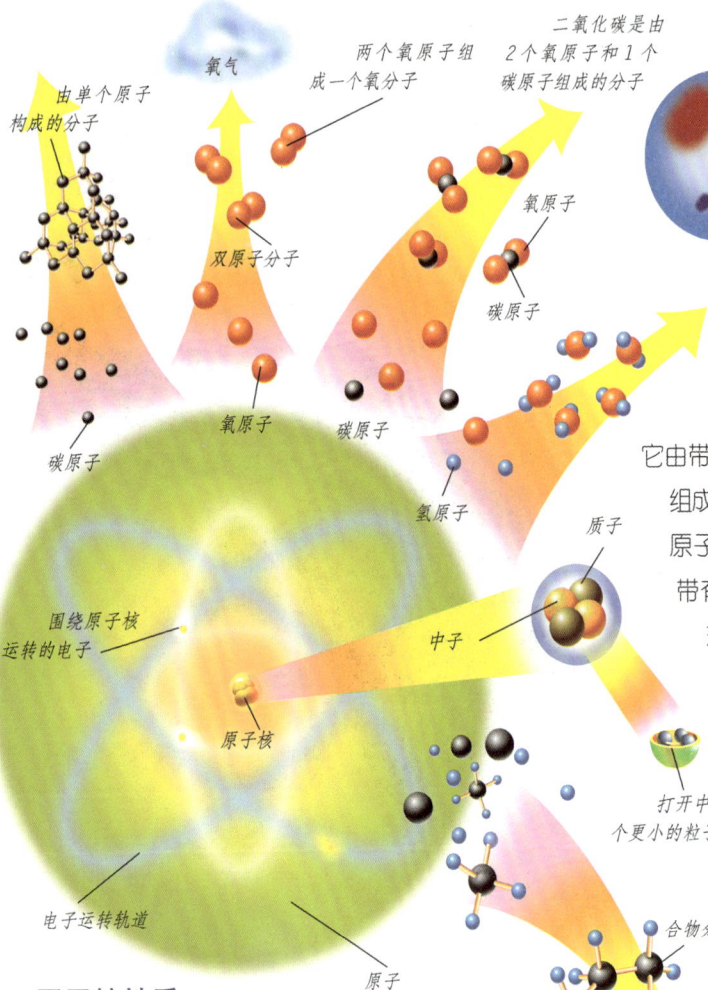

质子

中子

围绕原子核运转的电子

原子核

打开中子，可以见到里面有3个更小的粒子，是夸克

电子运转轨道

原子

甲烷分子是化合物分子

原子核性质

某些元素的原子核能发生衰变反应，从而放射出人类无法感知的射线，这种射线只能通过专业的仪器设备才能探测到，原子核的这种特性被叫作放射性。放射性射线的种类包括 α 射线、β 射线、γ 射线三种。

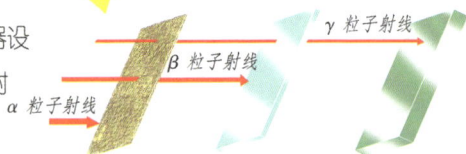

α 粒子辐射危害较小，β 粒子辐射要用金属片来阻挡，γ 射线则需要用厚水泥墙、钢板或者铅板阻挡。

γ 粒子射线

β 粒子射线

α 粒子射线

电 子

研究人员通过金属电极上的通电试验，发现了阴极射线的存在；而通过在这种射线外施加电场，又发现了阴极射线的构成成分——一群带有负电子的电子流，由此，科学家发现了电子的存在。电子的质量和体积都是极其微小的，目前还没有测量的方法出现。

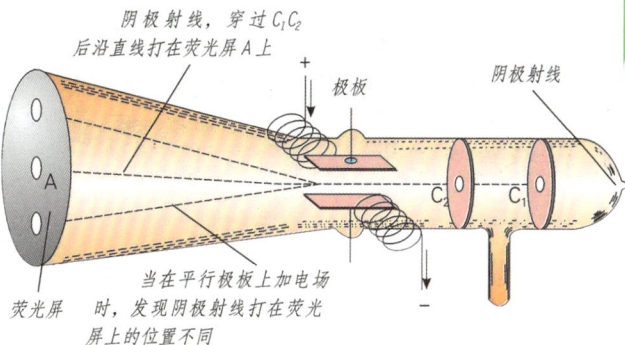

阴极射线，穿过 C_1C_2 后沿直线打在荧光屏 A 上

极板

阴极射线

当在平行极板上加电场时，发现阴极射线打在荧光屏上的位置不同

荧光屏

汤姆孙测试电子装置示意图

固体导体中电子的运动

原子或分子 6.02×10^{23} 摩 尔 摩尔质量 克

$$阿伏伽德罗常数 = 6.022 \times 10^{23}$$

摩尔，简称摩，是国际单位制 7 个基本单位之一，表示物质的量。

摩 尔

原子的质量实在太小，根本无法测量，于是科学家提出了"摩尔"的概念用来定义原子的质量。对于任意一种元素来说，一摩尔的原子数量是相同的。因此，如果一个元素的原子质量为 1u（相对原子质量单位），一摩尔该原子的质量就为 1 克。

约翰·道尔顿

原子论的提出者是英国化学家、物理学家约翰·道尔顿（1766—1844）。道尔顿为人类打开了原子世界的大门，为近代化学事业做出了卓越的贡献。为了纪念他，很多科学家将道尔顿作为原子量的计量单位；道尔顿是一位色盲患者，他也是色盲症的提出者，因此，色盲症又被叫作道尔顿症。

约翰·道尔顿

奇思妙想

其实在生活中，的确有些东西可以互相穿透，而不留下洞或者别的痕迹。如当一种固体穿过气体时，就会不留痕迹。此外，放射线也具有穿透物体的本领。1895 年，德国物理学家伦琴偶然中发现了 X 射线，这种射线能穿过厚达 1000 页的书本、木块和橡胶，但却不能通过铅制品。他拿了一小块铅板放在射线前以进一步确认这一点。荧光屏上显示出了铅板的影子，但同时也显示出了他妻子手部骨骼的轮廓！从此 X 射线改变了医学。1895 年，就在伦琴发现 X 射线的那一年，年轻的卢瑟福也开始了 X 射线的研究。1896 年，当法国物理学家贝可勒尔发现了放射线以后，在其老师、著名物理学家汤姆孙的建议下，卢瑟福立即转而研究放射线。他把铀装在铅罐里，罐上只留一个小孔，铀的射线只能由小孔放出来，成为一小束。他用纸张、云母、玻璃、铝箔以及各种厚度的金属板去遮挡这束射线，结果发现铀的射线并不是由同一类物质组成的。其中有一类射线只要一张纸就能完全挡住，他把它叫作"软"射线；另一类射线则穿透性极强，几十厘米厚的铅板也不能完全挡住，

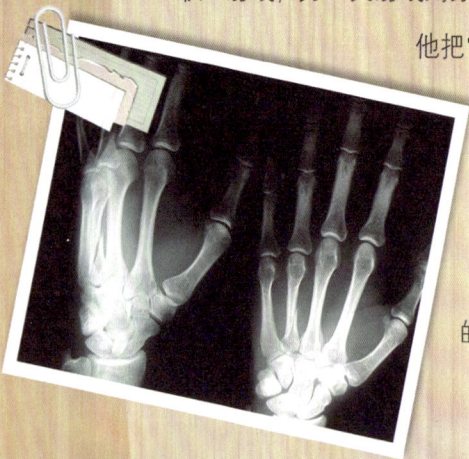

他把它叫作"硬"射线。正在这时候，居里夫妇发现钍、钋、镭都放射这种射线，从而把这种现象定名为放射性。后来，他在居里夫妇等人的研究的基础上发现放射线有三种：α 射线、β 射线、γ 射线。其中 α 射线的穿透能力最弱，β 射线的穿透本领较强，γ 射线的穿透本领最强。

原子国危机

"大事不好！密码本不见了！"一大早原子警察局警长就接到了来自原子国市长办公室的电话。原子警长一听，吓得脸都白了，手也开始哆嗦起来。他知道那个密码本是一份表格，也是原子王国的最高机密——它记录着原子国公民的所有信息——就像基因图谱一样重要。这东西要是落入敌国密探的手里，后果不堪设想……

挂了电话，原子警长急忙带着几个侦探驱车赶往原子国的市政大厅。到了市政大厅，原子警长详细了解了情况：昨天晚上，那密码本被市长看过，但是看过之后，市长秘书亲眼看到市长将它锁进了保险柜里，然后他们就一同出去了。今早一来，秘书就发现放密码本的保险柜的门是敞开的……

警长听了这些，便要这位秘书带他去监控室调出昨晚的监控录像。原子警长带着几个手下认真地观看了昨晚的录像，发现在市长和秘书离开后，真的有三个高大的家伙进入了保险柜所在的密室。

当原子警长放大了图像之后，便大声喊道："不好，他们是邻国的密探三人组！定逃往边境了！快通知边境警察，将他

说完，原子警长又带着几个手下们到达的时候，那几个大个子嫌犯已

"赶紧交出密码本，我知道你们专门收集原子国情报的！"警长大声

"密码本是我们偷的，而且就在我啊！"其中一个大个子狂妄地叫嚣着。

他这样的狂妄，是因为他们根本没把微小的原子警察放在眼里，因为他们曾利用个子小、警察搜身时间长的优势，采用调虎离山之计骗过原子国警察，让真正的逃犯趁机逃走了。但这次，原子警长早有防备，他请来了一个新同事——X射线探长。这位探长大名鼎鼎，一双眼睛能透视一切，只要经他眼睛"扫"一遍，根本就藏不住任何秘密。

只见X射线探长不慌不忙地将三个人从头到脚看了一遍，便有了答案。他指着其中一个大个子说道："就是你，交出来吧！密码本在你的衬衣兜里呢！"

这下，那个自命不凡的密探，只好乖乖地交出了密码本。原子国的危机总算解除了。

他们现在肯
们拦住！"
迅速赶往边境，当他
经被捕了。
是大名鼎鼎的密探三人组，
呵斥道。
们身上呢，有本事你就来搜身

金　属

金属晶体内部含有自由电子，是具有一定的光泽度、可延展、易导电、易导热的物质。自然界中的大多数金属都以化合态的形式存在，也有部分金属以游离态存在，如金、银等金属。含有金属的矿物质中大多是氧化物或硫化物。

液态的汞

司空见惯

金属在日常生活中极为常见，如金、银、铜、铁等。在常温下，除了汞（液态金属）外，金属都以固态形式存在；多数纯度高的金属都为银白（灰）色，但也有例外，如金为黄赤色，而铜则为紫红色。

合金钢

黄金是已知物质中密度相对其他常见金属而言比较大的，比较柔软，容易加工

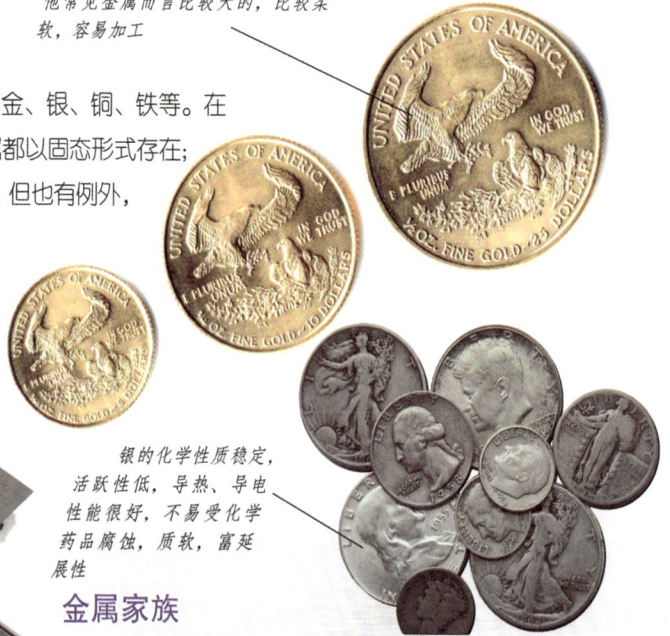

银的化学性质稳定，活跃性低，导热、导电性能很好，不易受化学药品腐蚀，质软，富延展性

金属家族

关于金属的分类，从不同的角度出发，便会得出不同的分类，如黑色金属：铁、锰、铬；有色金属：铝、镁、钠、锆、铪、铌、钽等；放射性金属：镭、钋、铀；从密度（以4500千克/米³为界）角度划分，金属还有轻金属和重金属之分。

性能突出

若想对金属加以利用和加工，必须了解金属的特性。金属材料的使用性能包括物理特性、化学特性以及力学特性。物理特性包括熔点、导电性、磁性等，而抗氧化性和耐腐蚀性则是化学特性，力学特性指金属的机械性能。

镭放出的射线能破坏细胞、杀死细菌

香薷

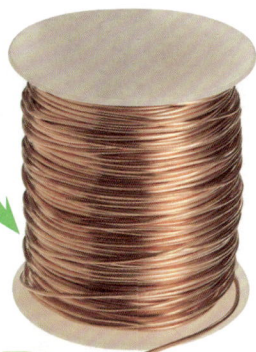

铜 丝

绿色冶金

科学家发现，某些植物的体内蕴含着特定的金属，如堇菜中含锌，香薷中含铜，而烟草中则含有较多的铀，等等。还有一些植物具有积累稀有金属的特殊本领，被誉为"绿色稀有金属库"。如果能利用植物来获取特定的金属，那么益处必将十分巨大。

烟草中含有较多的铀

铀矿石

会记忆的金属

记忆金属是指金属处于某种温度条件下会保持一定的形状；当温度条件改变后，金属的形状就会发生相应的变化；但当温度还原到原来的状态时，金属的形状也会还原到当初的状态。具有"记忆"特性的金属有金 – 镉合金等。

用金 – 镉合金制作的首饰

记忆合金眼镜

钛镍合金丝做成的眼镜框具有"记忆"的特性，当镜片受热膨胀时，该种记忆合金丝能凭借自身弹性的稳定特性将镜片牢牢地夹住。这种合金制造的眼镜框具有超强的变形能力，而普通的眼镜框则不具备这种能力。

记忆合金眼镜

如果在太空中冶金会怎样？

奇思妙想

　　如果有一天能在太空中冶金，会怎样呢？太空没有空气，地球引力极小，我们可以制造在地球上无法得到的特殊材料，创造自人造地球卫星和空间站后的现代新型冶金技术。在地球上，熔炼金属必须用炉子和坩埚，这样坩埚和炉子总会污染金属。而在太空中因地球引力极小，所有金属都悬浮在空中，不和炉壁或坩埚在高温下接触，不会受到外来杂质污染，因此冶炼出的材料特别纯。而在地面想用悬空方法冶炼金属几乎不可能做到。

　　自 1975 年以来，美国、前苏联、中国和欧共体内等有发射人造卫星能力的国家都在太空进行过冶炼，并进行了生产高纯度半导体、特殊金属和合金的试验。1975 年，美国和苏联的航天员在"联盟－阿波罗"对接飞行中，用铝和钨进行了一次太空冶炼试验，由于铝和钨都处于失重状态，比重的差别已不起作用，结果铝、钨就像水乳交融一样成为均匀的合金，没有分层。在太空中生产高纯度的单晶金属，根本不用坩埚，只要将金属放到一个磁场内，让其悬浮在空中，再用激光照射使其熔化，金属块立即就会发出耀眼的光芒并变成一个液体小球，宛如悬在空中的小太阳。当停止激光照射时，金属自行冷却形成一个比滚珠还要圆的球形单晶金属。

　　由于熔化时不接触其他任何容器，不受外来杂质的污染，所以纯度特别高。人们已经构想出了一幅未来太空冶炼的画面：在人类建造的太空城中，专门的冶炼工厂可以炼制出那些很难熔化的金属，提炼非常纯净的大块晶体，加工滚圆滚圆的钢珠，制造轻得能浮在水面的泡沫钢，细得用放大镜才能看得到的金属丝，薄得透明的金属膜，等等。这样就能满足太空城中自给自足的生活。

铁匠的宝贝

金店老板不知犯了什么糊涂，竟然将一块黑乎乎的铁块落在了装满金银珠宝的柜台里。他急着出门，抬脚就要走，可铁块却急坏了，它的眼睛都要被旁边的金银珠宝，特别是黄澄澄的黄金首饰给晃得睁不开了。它急忙呼喊着："喂！老板，快带我走！我睁不开眼啊！"

老板也听到了这声音，但他太着急了，连头都没回，只甩下一句："急什么？等我回来再说！"然后就大步流星地出门去了。

"哎，这我可怎么办啊？马上就天黑了，有这些家伙一闪一闪的，我还能安心睡觉吗？"黑铁边想边叹气。

黑铁的心里不好受，可那些金银珠宝更不乐意呢！尤其是离它最近的那几个金首饰，肚子里的怨气比它还多呢！

"喂！老兄，我说你是什么东西啊？怎么一身黑乎乎的，还有股子怪味？"一个金镯子忍不住问道。

"我是一块铁啊！我们黑色金属就是这个颜色的。""你们也算金属？只有我们这种出身高贵的才配叫金属呢！我打出生以来就没见过你们这么丑的东西。"

"我们当然是金属了，我还有两个兄弟也是黑色金属，一个叫锰，一个叫铬。"铁实在地回答说。

"真不知道你们能有什么用。你看我们长得多好看，黄澄澄、金灿灿的，人们看我们的眼睛都是亮的！"一条金项链插嘴道。

铁知道它跟这一群虚荣的家伙是没话可说了，便悄悄地闭上眼，准备睡觉。

第二天一大早，黑铁块就醒了，而它身边那些金银珠宝还在睡大觉呢！老板来开店门了。这次他还带了一个朋友。

他们都看到了那块黑铁，老板拿起黑铁，便自言自语起来："你说我的金店怎么可能需要一块黑铁呢？我得赶紧把它扔掉。"说完，他就要将黑铁投进垃圾桶里。

可他的朋友却急忙把黑铁抢了过去："别扔，这可是一块好铁，我可以用它做一把锁头呢！"——原来他的这个朋友是个铁锁匠。

铁锁匠将铁拿在手里掂了几下，笑着说："这对你来说是废物，对我来说却是宝贝。金子又软又贵，可不是制锁的好材料。"说完，这个锁匠就要带着黑铁回自己的铺子去。

临走前黑铁朝着那些金灿灿的家伙做了个鬼脸，说："等我改头换面回来吧！"

气　体

气体是一种无固定形状，但又占有一定体积，可变形、可流动的流体。它与液体的区别在于，它可以被压缩。气体的另一个特性是扩散性，体积可随意扩大。气体形态可通过其体积、温度和压强的变化而发生改变。

碳酸饮料喷出的二氧化碳气体

理想气体

在科研实践中，气体可分为实际气体和理想气体两种。理想气体是假定气体分子之间没有相互作用力，气体分子也不占据体积。当实际气体满足压力不大、分子间的间距大，气体分子本身的体积可以忽略不计，温度又不低等条件时，也可看作理想气体。

用氪和氩填充日光灯、电灯泡、光电管等，比普通灯泡的使用寿命长许多

查理定律

对于气体与温度之间的关系，可以用查理定律来解释。当压力保持恒定时，气体体积与温度成正比。这就是说，当气体受热、温度升高时，它的体积也会相应增大。

与氢气相比，氦气不容易爆炸，因此人们常用氦气来填充气球和飞艇。用氦气填充的飞艇比用氢气填充的飞艇更安全

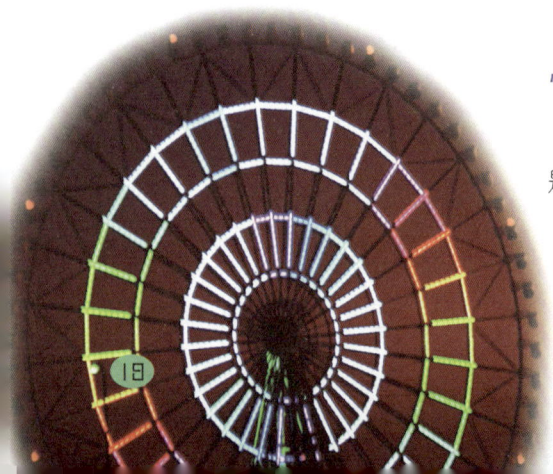

填充氖气的 LED 灯

惰性气体

惰性气体又称稀有气体，它们在常温常压条件下，都是无色无味的单原子气体，很难与其他物质发生化学反应。天然的惰性气体包括：氦、氖、氩、氪、氙以及具有放射性的氡。稀有气体的应用范围很广，最常见的霓虹灯，其中填充的气体便是氖气。

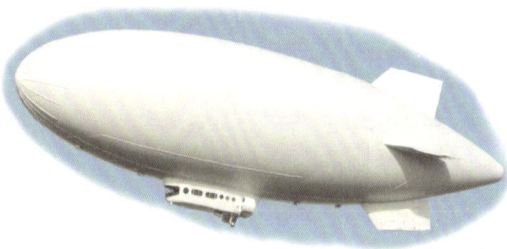

有毒气体

有一种气体能对人体产生危害，致人中毒，这便是有毒气体。常见的有毒气体有一氧化碳、二氧化硫、氯气、芥子气氰化氢。气体中毒主要危害神经、肌肉或是呼吸系统。气体中毒的反应分为头晕、恶心呕吐、昏迷、皮肤溃烂甚至休克和死亡。

灭火时，二氧化碳气体可以排除空气而包围在燃烧物体的表面或分布于较密闭的空间中，降低可燃物周围或防护空间内的氧浓度，产生窒息作用而灭火

氟 气

氟气是一种腐蚀性极强的淡黄色气体，味道十分难闻，且有剧毒。它能腐蚀多数的金属，并且是大多数金属的助燃剂。在工业上，氟可以帮助人们将铀矿中的铀−235提炼出来。氟的一种化合物叫作氟化氢，能将玻璃溶解掉，因此被用于玻璃雕刻加工行业中。著名的冷冻机"氟利昂"也是氟的化合物。

氟 气

亨利·卡文迪许

亨利·卡文迪许（1731—1810），英国著名化学家、物理学家。卡文迪许曾被评选为伦敦皇家学会会员，也是法国研究院的18名外籍会员之一。他在化学领域的贡献是发现了空气的组成，确定了水的成分，还发现了氢和硝酸。

亨利·卡文迪许

化工厂

奇思妙想

在口渴的时候我们可以选择很多种饮料来解渴，有纯净水、果汁、牛奶，当然还有会冒出泡泡的碳酸饮料了。正是因为独特的口感，碳酸饮料自从它面世之日起，就一直很受欢迎。特别是冰镇的碳酸饮料，几乎是年轻人在炎热夏季的必备品，因为清爽又解渴。它与其他饮料的不同之处就在于，它能够不断地冒出很多气泡。

如果碳酸饮料里不会冒出这些气泡，那么它的受欢迎程度是否会大打折扣呢？当然会了！因为它失去了自己最大的特色，和其他的饮料没有了区别，或许只是在口味上有所差异吧。碳酸饮料是怎样具有那些气泡的呢？难道是它的配方中具有一种专门的溶液，才具有这样特殊的性质吗？

我们可以把一瓶没有开启的碳酸饮料捏在手里，可以发现它的瓶子很硬；但是瓶盖打开的时候，就可以很轻松地将瓶子按下一个坑去。这就是因为瓶子里的气体压力大于瓶子外的压力，这个数值大约是两倍。瓶子里的气体是二氧化碳，泡泡的出现，就是二氧化碳从瓶子里向外逃逸的结果。二氧化碳本身是一种能够溶于水的气体，溶于水之后表现为酸性，溶液成为碳酸。但是二氧化碳在水中并不会老老实实地待着，而是会时不时地再跑出水面。碳酸饮料的制作，就是用仪器将一定量的二氧化碳溶入到水中，并且给瓶子里加压，保持饮料中二氧化碳的饱和度。当我们猛烈摇动瓶子，会使得那些溶解在水中的二氧化碳更加不安分。所以，我们在打开瓶盖的时候，会有气泡从饮料中冒出。这些气泡还有可能直接冲出瓶口呢！

气体小学的新生"怪"

新学期开始了，气体小学的每位同学都升入了新的年级。听说五年级还来了一个新同学呢！大伙可期待了，它们本来就是一群"小淘气"——最喜欢凑热闹了！

一大早，大伙都迫不及待地飞奔到教室里。上课的铃声响起了，空气老师真的领来了新同学——一个叫氪气的家伙。大伙都鼓掌欢迎它，可是那个家伙的脸上却是一点笑容都没有。

上课的时候，大伙都兴奋极了——当然也有那些捣乱的活泼气体，它们总是不好好听课，还总打扰别的同学。

可是新来的家伙呢？总是一副面无表情的样子，盯着黑板，不知道心里在想些什么。

下课了，氢气过来叫它一起出去玩，可是那个叫氪气的家伙也不说话，只是摇头拒绝——好像它的眼里只有书本似的。见氪气不理自己，氢气立即叫上氧气，它俩勾肩搭背地跑出去了——它俩可是一对好朋友，只要凑到一起，连课都不想上了，只想着一起玩。

放学后，好多同学都结伴回家。它路走，可是氪气总是红着脸拒绝大伙们也想叫上氪气一的邀请。

渐渐地，同学们都在背后说这个新来的家伙是个"高傲分子"，还有人说它"呆头呆脑的，一点也不好玩儿"。这样一来，氪气就成了独来独往的"怪物"。

班级里总有同学给老师闯祸，经常被找上门来。有的同学常常趁人不注意，上去蒙住人家的眼睛啦，不小心玩火点燃了人家的屋子啦……这种事多得数不过来。

可是今天，一个交通警察竟然给班级里送来一面锦旗，说要感谢某个同学。大伙都觉得不可思议。

没想到，那锦旗上写的居然是氪气。原来，它在放学的路上发现十字路口的交通信号灯的黄灯不亮了——这可是十分危险的。它二话不说，立即通知了交警叔叔，还主动帮忙修理。但事后，却又悄悄地离开了。警察叔叔找了好久，才发现它。

这下，同学们才知道氪气虽然不爱说话，但却是一个乐于助人的好孩子呢！

电和磁

现代人早已懂得电和磁之间的关系，但在19世纪之前，人们并没有发现它们的关系，直到1820年，丹麦物理学家奥斯特在一次偶然的实验中，发现了通电的磁针会发生转动的现象，才揭开了电和磁之间的奥秘。

电子运动

负电子

正电子

摩擦起电示意图

电

把玻璃棒放在丝绸上经过一阵的摩擦之后，我们会发现它们二者具有了能吸引羽毛或是纸屑的能力，这是因为它们本身都带有电荷了。处于带电状态下的物体，被称为带电体。被丝绸摩擦过的玻璃棒所带的电荷为正电荷；被毛皮摩擦过的橡胶棒所带的电荷为负电荷。

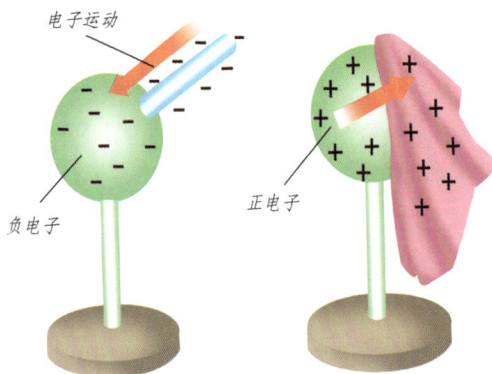

摩擦琥珀吸引羽毛

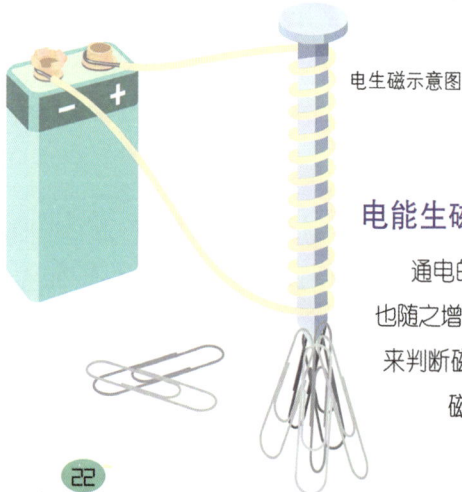

磁

人类很早就发现了"磁"这一物质。中国的四大发明之一的指南针便是利用磁石原理发明的。磁体，是具有磁性的物体，如磁铁；磁铁的两端具有极强的磁性，又称为"磁极"。磁极具有"南极"和"北极"之分。而"同极相斥、异极相吸"则是磁体的一个特性。

电生磁示意图

磁 铁

电能生磁

通电的金属导线会有磁场随之出现，并且电流越强，磁场的磁性也随之增强。磁场围绕在金属导线周围，呈圆形。可利用"右手法则"来判断磁场的方向。我们常见的电铃便是利用电生磁的原理，促使磁场吸引铃锤击铃而发出声响的。

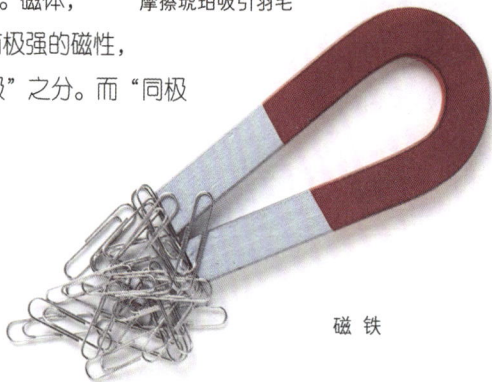

电磁感应

电流的磁效应告诉人们，电流可以产生磁场。那么，磁场是否能生出电流呢？答案是肯定的。法拉第的电磁感应实验便证明了人们的这个猜想。电磁感应实验证明，磁铁移动得越快，电流也就越强。

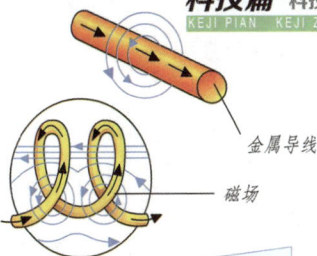

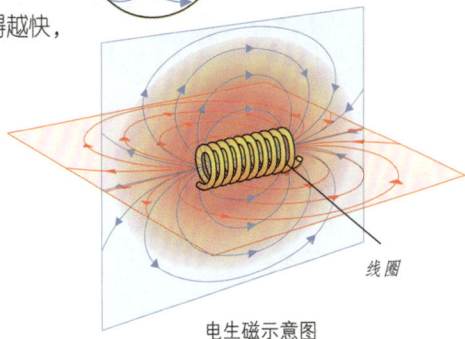

金属导线

磁场

发电机

线圈

电生磁示意图

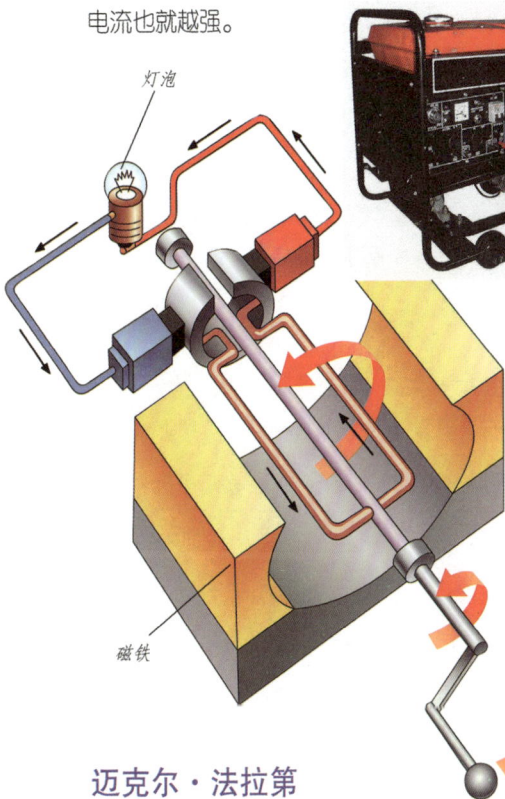

灯泡

磁铁

发电机原理示意图

发电机

发电机的原理是将机械能转换为电能，而最简易的发电机则是由一个装有大量导线的电枢在励磁线圈或永久磁铁所产生的磁场中转动，利用电磁感应的原理发电。同样，电动机也是利用电磁感应原理激发电动机的轴转动的。

迈克尔·法拉第

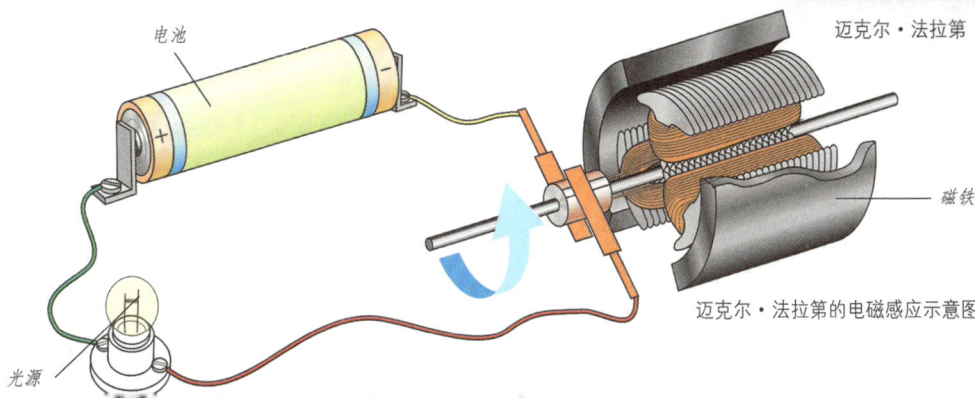

迈克尔·法拉第（1791—1867），英国物理学家、化学家。他是19世纪电磁学领域的开山者，被誉为"电学之父"。法拉第于1821年提出了著名的"磁能生电"的大胆设想，并建立了电动机的实验室模型。十年后，他发现了著名的"电磁感应"定律。

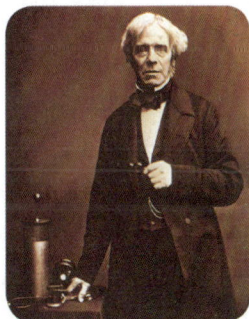

迈克尔·法拉第

电池

磁铁

光源

迈克尔·法拉第的电磁感应示意图

如果没有发电机会怎样？

奇思妙想

没有发电机，就不会有电力的产生，人们也就不能使用电灯在夜晚照明，各种电力通信也会中断，电话机成了没用的摆设，手机也将会被丢弃。人们又将回到蒸汽机的时代，蒸汽机轮船和火车又将成为主要的交通工具，而早已被人们束之高阁的煤油灯又将成为主要的照明工具。

自从法拉第发现电磁感应定律并由麦克斯韦完成电磁理论方程之后，用机械力发电和用电来输送动力的基本原理已经形成。最初的发电机使用的都是永久磁铁，但由于受到磁场强度的限制，无法提供更大的电力。英国物理学家惠斯通采用电磁铁，于1845年制成了电磁铁发电机，但这种电磁铁依然是用外加电源来产生磁性提供电力的。1864年英国技师威尔德提出了用旋转电枢产生的电流使电磁铁产生磁性的设想，创立了自激式发电原理。把这一原理转化为实际应用的则是集科学家、发明家与商人于一身的西门子，1866年他研制成功第一台自激式直流发电机。接着在1870年比利时人格拉姆把电动机中的环形电枢应用于发电机，并将这种电机投入了商业生产。1873年德国电器工程师阿尔狄涅克又研制成功鼓状电枢自激式直流发电机，使发电效率大为提高。随着爱迪生发明了耐用而廉价的白炽灯后，电能才成为人们最普遍需要的能源之一，于是电力网也应运而生了。1882年，爱迪生研究所在纽约制成了当时世界上容量最大的一部发电机，并建立了世界上第一座直流发电厂。此后美国的大城市以及几乎所有的欧洲国家的首都，都竞相在主要街道上安装电灯，城市用电也开始由小型电厂供给，电力网就这样进入了人们的日常生活。

形影不离的好朋友

电和磁是一对形影不离的好朋友，只要有电出现的地方，你一定会发现磁的身影。你瞧，它们又结伴出门旅行了，看它俩一路说说笑笑的样子，肯定是在向对方分享自己的新发现呢！

这时候，一阵响亮的"嘟嘟嘟"的声音传到它们的耳朵中。这声音太大了，以至于它们都听不到彼此的声音了，它们决定过去看看发生了什么事。

原来那声音是从木偶爷爷家门口传出来的。小木偶快递员正一手捧着一个大包裹，一手"嘟嘟嘟"敲门呢！可是木偶爷爷年龄大了，耳朵也不好使，总是听不见敲门的声音。这可把小木偶快递员急坏了——它还有好多包裹要送呢！

没办法，小木偶只好大喊了起来："木偶爷爷，你快来开门啊！有你的包裹哪！"可小木偶的嗓子喊冒了烟，木偶爷爷还是没听见。

"小木偶真可怜呀！我们进屋帮它叫一下爷爷吧！"说到这，电和磁就飘到了木偶爷爷的家中——原来木偶爷爷睡着了！

它们轻轻拍醒了老爷爷，告诉他快递员来了，快去开门。老爷爷醒了过来，这才取回了包裹。

"可这也不是办法啊。以后我们不在的时候怎么办呢？"电忧虑起来。

"是啊，要是有个铃铛就好了，门外一按，屋里的老爷爷就能听到，那该多好。"磁默默地说道。

"哎呀！我有办法！只是得叫你的朋友铁帮个忙。"电忽然兴奋起来。

"叫它那个铁疙瘩能干什么啊？"

"你忘了吗？我们是形影不离的，但是铁遇到磁也是互相吸引的啊，我们三个放在一块，组成一个电铃：电源接通时，生出了磁，磁又能激发铃锤敲击铃铛啊，在木偶爷爷的大门上安装一个电铃，屋里再安装一个扩音设备，只要铃声响起，木偶爷爷肯定能听见啊！这不就方便多了吗？"电兴奋地解释道。

"真不错！咱们这就去叫一块铁来，一起干！"磁也兴奋极了。

这三个小伙伴说干就干，很快一个电铃就安装在木偶爷爷的家门口了。打这以后，谁来敲门都方便多了，再也不用喊破嗓子了。

黄金分割

将一条线段分为两个部分，若其中一部分与全长的比值等于另一部分与这部分的比值，而这个比值的近似值为 0.618 的话，便称为黄金分割。应用黄金分割比例设计出的造型符合人类的美学规范，富于活力。

黄金分割三角形

将一个正五边形的对角线全部连接起来，得出的所有三角形，都属于黄金分割三角形。而黄金分割三角形的一个特性便是所有的三角形都可以用五个与其本身全等的三角形来生成与其本身相似的三角形。

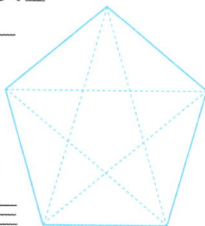

理论渊源

黄金分割的理论渊源最早可追溯到公元前 5 世纪古希腊的毕达哥拉斯学派，但其最终的确立者是公元前 4 世纪的古希腊数学家欧多克索斯。文艺复兴前后，黄金分割律传入欧洲，被誉为"金法"，甚至是"各种算法中最宝贵的算法"。

欧多克索斯

把肚脐定为 C 点，头顶为 A，脚底为 B。AC/CB=CB/AB=0.618。人体中的黄金分割点在肚脐处，人的上下比例就匀称优美

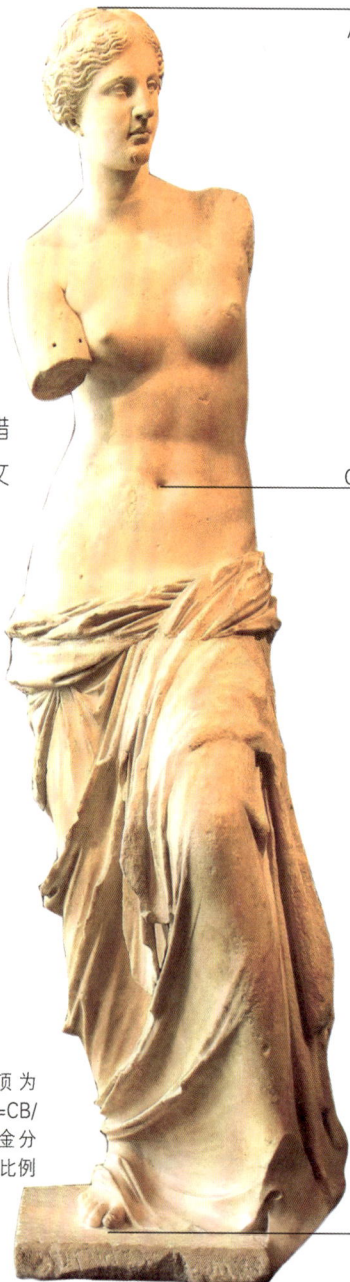

乐 器

美学应用

黄金分割律具有极强的活力，它能使作品富于比例性、艺术性、和谐性，具有极高的美学价值。据测算，一些名画、雕塑以及摄影作品，其主题一般出现在画面的 0.618 的位置上。在乐器的设计上，黄金分割律也能发挥良好的作用。

黄金矩形

一个矩形的短边与长边的比值为 0.618 的话，这个矩形便被称为黄金矩形。黄金矩形的画面更具美感，令人赏心悦目。如希腊的帕提侬神庙即是符合黄金分割律的设计典范，而世界名画《蒙娜丽莎》中主角的脸形也暗合黄金矩形的比例。

《蒙娜丽莎》

帕提侬神庙

植物上也有黄金比例

生活中的黄金分割律

如果你留心观察周围的话，你会发现，黄金分割律是随处可见的。比如，人类的肚脐便位于人体的黄金分割点上，而人的膝盖是肚脐到脚跟的黄金分割点。而大多数的门窗的宽长之比也是 0.618。甚至在植物的身上也能见到黄金分割律的影子。

最舒适的温度

在医学领域，同样存在着 0.618 这个神秘的数值，它能解释人为什么在环境温度为 22~24℃时感觉最为舒适。通常情况下，人体温度为 37℃，这个数值乘以 0.618 的结果为 22.8℃，而这一温度可使人体的新陈代谢、生理节奏和生理功能处于最佳的循环状态中。

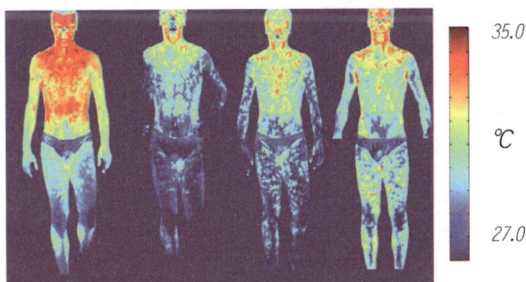

35.0

℃

27.0

人体的温度也蕴含着黄金分割律

如果没有数字会怎样？

奇思妙想

　　阿拉伯数字在我们的生活中司空见惯，简单的十个符号贯穿了我们生活的方方面面。不要认为它们是如此简单的符号，当有一天它们真的消失了，我们的生活就会陷入一片混乱。伸出双手，我们拥有10个手指，0、1、2、3、4、5、6、7、8、9，小时候，它们就是我们最初的"计算器"。我们使用十进制进行数字的累加，普洛克拉斯说："哪里有数，哪里就有美。"但如果没有了这些数字，也许我们还会回到原始的使用算筹或结绳记事的时代。

　　原始社会，人们靠打猎、捕鱼、摘野果维持生存，"有"或"没有"食品是至关重要的事情；对"有"的概念进一步发展产生了"多"与"少"的概念。多与少是相对的，无法表示具体的量。后来随着物品数量和种类的增多，现有的方法就表现出了极大的局限性。要么就是不能很好地记录数据；即使记录好了，经过很长的时间之后，搞不好人们也忘记了计数的方法。于是对物体量的具体表达产生了数的概念，并开始用手指、石块、贝壳等作为计数的工具。随着社会经验的不断丰富，在日常生活和生产实践中又逐渐产生了计数意识和计数系统，人类摸索过多种计数方法，有开始的结绳计数，用石块计数，语言点数，进一步用符号，逐步发展到今天我们所用的数字，但每一次进步都经历了漫长的岁月。

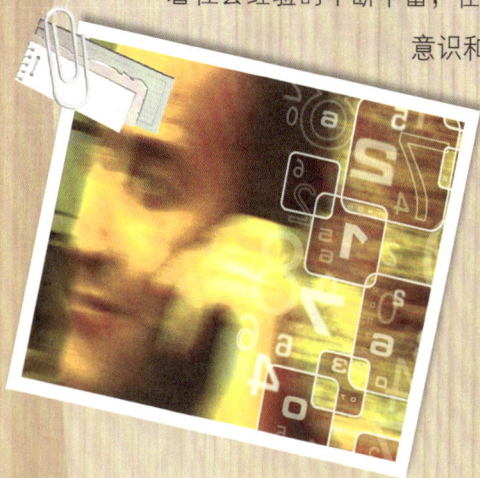

名师的奥秘

一个小伙子有着极高的绘画天分，周围人都称赞他画什么像什么。小伙子也为此沾沾自喜。

一天，小伙子又在向乡邻们展示自己的画作。大伙自然又是一番称赞。不过，一个路人看了，却说："你只是画得像而已，我劝你找个师傅指点一下。"小伙子听了，表面很不服气，但他心里也认为这个路人说得对。

没过几天，小伙子真的拜入了一位名师的门下。因为他天分很高又很聪明，所以一经名师指点，竟也取得了不小的进步。每次考试，小伙子都会得到老师的夸奖和同学们的羡慕，小伙子便开始飘飘然起来。他觉得自己已经学成了，根本不用像那些初学者那样整天琢磨那些技巧什么的。

他觉得自己学业有成了，请师傅准许自己毕业。师傅劝他再学一年，因为他还有好多东西没有学会。可小伙子却拿出了一幅临摹画给师傅看。这幅画正是他师傅的成名作。小伙子对师傅说："您的成名作都被我临摹得这么像了，外人根本分不清的。"师傅见小伙子一副志得意满的样子，便摇摇头，只好准许了。

小伙子一回家，便迫不及待地给乡邻们展示他的临摹作品。大伙看了，赞不绝口，都认为他已经得到了名师的真传。

小伙子高兴极了，一连在家画了好多幅画，他想把这些画卖给画廊赚点钱。可是画廊老板看了以后，只留下他临摹的那幅画。老板说："你只有这幅画还可以，其他都算不得艺术品。"小伙子的信心受到了极大的打击，萎靡不振地带着自己的画回了家。

回到家后，小伙子百思不得其解，只好红着脸去向师傅请教。师傅看了他的作品就明白了。他把小伙子带到自己的画室中，对他说："你若是能悟出画中的奥秘，你离成功就不远了。"说完，他就离开了，只留下一头雾水的小伙子。

小伙子左看看右看看，一直转了一上午也没发现什么秘密。没办法，他只好坐在画的旁边休息。当黄昏的阳光透过玻璃照在画上那一刻，小伙子忽然明白了，师傅的奥秘就是画面的各部分比例非常精确非常协调，无可挑剔。

他兴奋地跑到师傅那求证，师傅听了，满意地点点头。这次，小伙子终于静下心来，钻研绘画的技巧。经过师傅的点拨，他终于成了小有名气的画家。

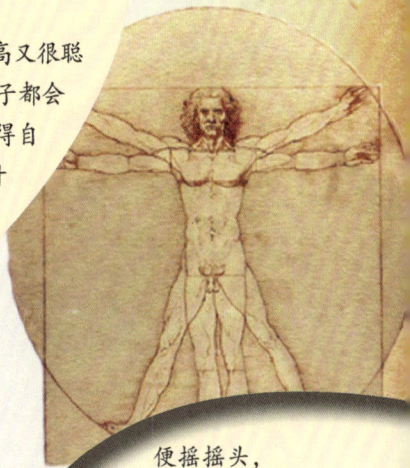

声 音

声音是由物体振动所产生的，并以声波的形式向外传播。但光有声波还不够，声波要通过介质传递到人的耳朵中；当声波进入耳朵后，耳膜会发生振动，将声波传递给听觉神经，被大脑加工之后，才是我们所听到的声音。

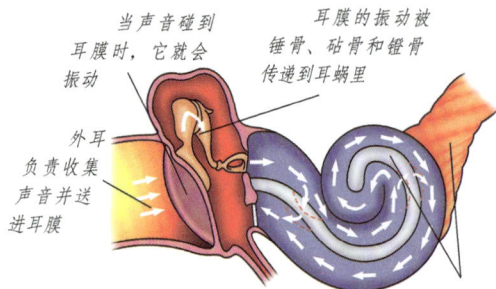

当声音碰到耳膜时，它就会振动

耳膜的振动被锤骨、砧骨和镫骨传递到耳蜗里

外耳负责收集声音并送进耳膜

耳朵接收声音示意图

耳蜗里的神经末梢又将振动收集起来，并将信息送入大脑

声 波

声波是声音的传播形式，本质上属于机械波，由物体振动产生。声波传播的范围被称为声场。声波在不同的介质中传播时，波的传播方向是不同的，在气体和液体中，声波以纵波的方式传播；在固体中，声波中则含有横波的方式。

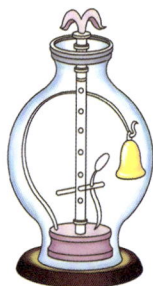

晕船是由于人体内脏器官固有的频率与次声频率相同造成的

风暴与海浪摩擦，偶尔会产生次声波

鲸在海洋里用声波相互联络，它们发出的声波可以传出800千米

英国人玻意耳证实声音无法在真空中传播的装置

障碍物的反射表面越大，反射效率越高

在同一介质里，传播频率、波长相同的两列声波会发生干涉现象

声音的传播示意图

声音的传播

声音要依靠介质才能传播出去，而气体、液体和固体都可以充当声音传播的媒介，但真空是不能传递声音的。声音的传播速度与介质有关：固体中声波的传播速度最快，液体中第二，气体中速度最慢。介质的温度也会影响到声音的传播速度。

声音的特性

声音的特性包含音调、响度以及音色。音调是指声音的高低，由物体的振动快慢决定；响度是指声音的强弱，与物体的振幅有关；音色则是指不同发声体发出的声音，是声音中最有特色的部分。

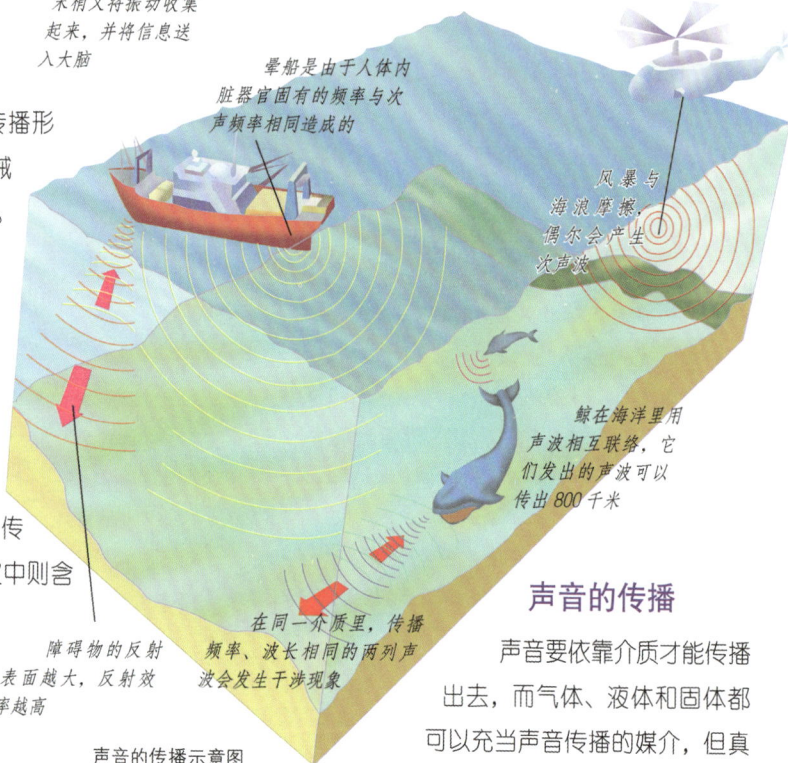

放开嗓子大声歌唱是指声音的响度

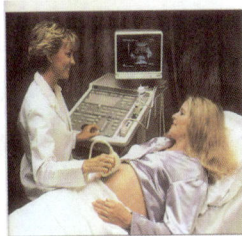

医生为一名
孕妇做 B 超检查

超声波

超声波并不能被人耳所接收到，因为它的频率超过了人所能听到的最大频率。超声波的频率大，因而能量也大，还具有极好的定向性和穿透性。因而，人们利用超声波探测器探测某物体的位置和形状。

超声的传播速度快，成像速度快，因而能够实时地观察心脏的运动功能、胎心搏动，以及胃肠蠕动等

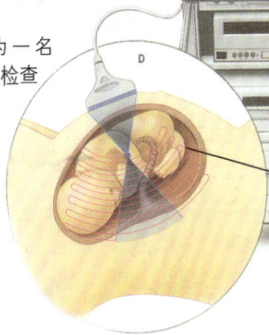

回声

声波在传播的过程中遇到一些较大型的反射面后被反射回来的现象，就是回声。但这种回声是能够被人与原声区分开的。比如在空旷的山林中大声呼喊，很快就能听到回声。

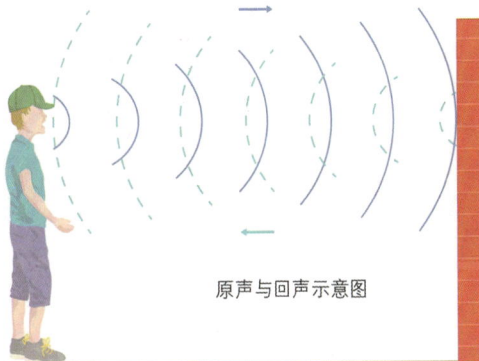

原声与回声示意图

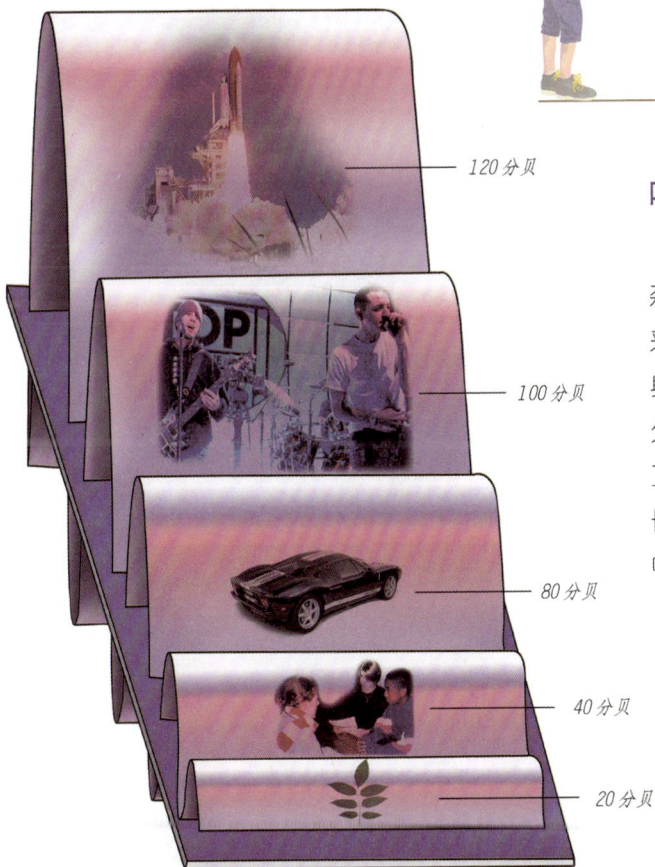

120 分贝

100 分贝

80 分贝

40 分贝

20 分贝

噪 声

噪声包括两种：一种是无规则、杂乱无章的声音；另一种是给环境带来污染的那种声音。噪声会危害人的身心健康，人们要懂得躲避和防范。分贝是衡量声音大小的单位，为保证工作和学习，噪声应低于 70 分贝；长期生活在 90 分贝以上的噪声环境中，听力会受到严重损害。

人们用分贝来表示声波强度，人所能听到的最小声音确定为 0 分贝

奇思妙想

声音要是有形状、有颜色的，我们眼睛就可以看到它。好听的声音也会具有好看的形状和颜色，嘈杂的声音可能也会是一团乱的图形……这时候可能会有人笑了，声音怎么会看得到？声音是用耳朵来听的，如果声音能够看得到，那么还要耳朵做什么？这样说似乎也有些偏颇，我们可以一起看看声音的形状。

声音是以声波的形式传播的，画在纸上，它的形状就好像是一条波浪线。不同的声音，"波浪线"也是不同的。在人们所能够听到的声音里，有一部分听上去非常的和谐悦耳，叫作"乐音"。乐音的声波形状是有规律的"波浪线"，所以听上去会有一定的音调。还有一种声音，已经成为日常生活的一种污染物了，那就是"噪声"。噪声的声波形状就是毫无规则可言的波浪线，因此它总会让人感到烦躁。

这些波浪线有一个科学点的名字就叫作"波"。波也有自己的种类，按照波动形式的不同，分别为机械波和电磁波。机械波在我们身边有很多具体的例子，像是我们抖动一根绳子，绳子随之做着弯曲的运动，那么此时的绳子上就传播着机械波；我们向平静的水面扔一颗石子，水面上就会荡漾起一圈圈的水波，这也是机械波的一种形式。包括我们现在所说的声波，也属于机械波。电磁波是另一个样子，它是由电磁场产生的。像传送广播电视信号的无线电波、光波等，都属于电磁波。

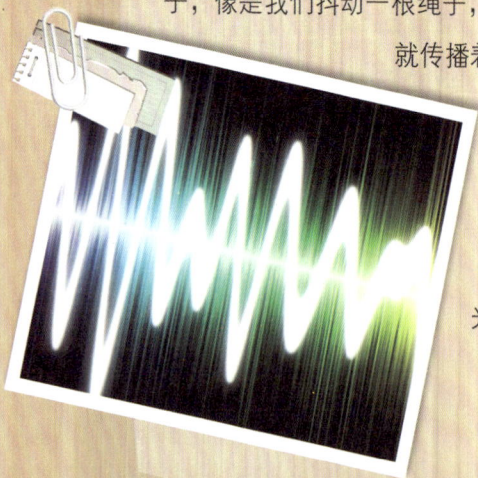

声波家族辩论会

"哎！真没办法，次声波和噪声那俩家伙又被投诉了！"

发出抱怨的正是可听声波，它没办法，只好把家族里的超声波、次声波，还有不成器的噪声给叫回来，商量一下怎么办。

可听声波通知这几个兄弟的时候，它们都忙着呢！超声波正在大洋底进行监视作业，次声波和噪声在尘土飞扬的建筑工地里忙个不停，可听声波跟它扯着嗓子喊了半天，它们才明白自己又被投诉了。

夜深了，这几个兄弟终于凑到一块开会了。超声波一见到自己这两个不成器的弟弟就气不打一处来，它用一贯傲慢的态度对可听声波抱怨道："我说二弟，它们两个惹祸，你叫我回来干什么啊？你不知道我的工作有多重要，我每天都忙得没空吃饭，还让我来管它们两个，我有这两个兄弟我都觉得丢人呢！"

可听声波只好赔笑安慰道："大哥确实很不容易，可它们毕竟是我们的兄弟，还得想想办法啊！"噪声急忙辩解道："我在工地里，哪里脏，哪里累，我们都是急脾气，工地里的机器都是人高马们怎么能听我指挥呢？"

"嗨呦呦，你还真是个急脾气，有功啦！看我们的小弟弟多稳当，其声波趾高气昂地教训两个小弟弟。"听壁都震塌了，惹得你们老板还得给人家你怎么不说我的优点呢？我还能帮助人类呢。别把我们说得一无是处的！"次声波微弱但却有力地反驳着。

们俩整天混不管不顾的，我又大的，我不大声，它天天吵得人心烦意乱，你还实它闯的祸也不少呢。"超说，你有次把人家电影院的墙重新垒墙壁才算了事。""那预测火山爆发和地震这类的大灾难

可听声波知道如果再纵容下去，它们又要吵起来了，只好把话题拉回来——"咳咳！我们还是想想办法吧！大哥，你见多识广，你给它俩出个主意吧！毕竟，工地里的活也不能停工啊！"

"我听说有种减震器，安装到打桩机上，能降低噪声。你们赶紧买来，安装一下试试。"超声波大哥不耐烦地说道，说完，它赶忙赶回去上班了。

不久之后，这俩小兄弟真的安装了减震器，还贴上了噪声警示。这下好了，大伙也理解了它们，也不来声波家族投诉了。

力

物质间相互作用便会产生力，从而引发机械运动状态的变化。而力学是一门基础学科，是研究物质机械运动规律的学科，涉及力、运动和介质（固体、液体、气体等），又称经典力学。

车与地面之间存在摩擦力

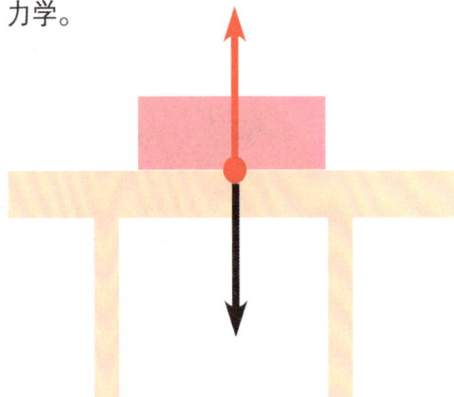

方块对桌子有向下的作用力，桌子对方块有向上的支撑力

力学的发展

古代劳动者在劳动的过程中逐渐积累了一些关于力的知识和省力的技巧。到古希腊阿基米德出现时，他提出了"平衡理论"的基础；到16世纪，力学成为一门独立的、成体系的学科；到17世纪末，牛顿提出力学的三条基本定律，建立了经典力学。

艾萨克·牛顿

艾萨克·牛顿（1643—1727），英国著名物理学家、天文学家和数学家。牛顿对物理学的贡献卓著，在吸收伽利略、开普勒等前人成果的基础上，提出了著名的万有引力定律和物体运动三定律，由此创建了经典力学理论框架。

万有引力

关于牛顿受到苹果落地的启发而发现万有引力的故事，想必是人人皆知的了。那么什么是万有引力呢？万有引力是指任意两个物体之间都存在力的关系和作用，而这个力的大小则与物体的质量及物体间的距离有关。

在失重时，航天员最先感觉到的是身体是飘浮的

摩擦力

摩擦力是指两个互相滑行或是将要滑行的物体之间所存在的运动阻力。所有物体的表面都存在着摩擦力，这种摩擦力既是物体运动的阻力，也能成为物体运动的动力。比如，自行车上安装的链条和齿轮间的摩擦力便是驱动自行车前进的动力。

自行车与地面产生摩擦力

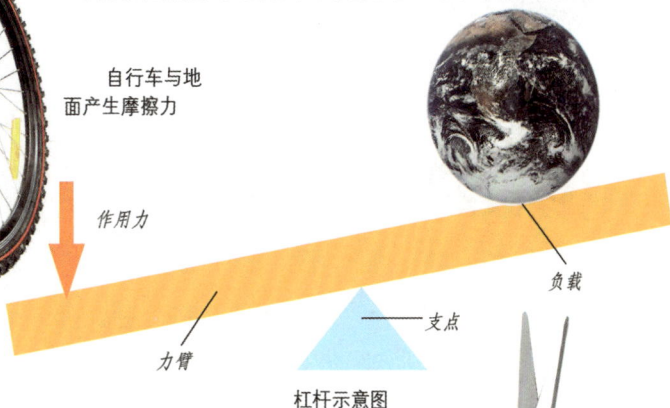

作用力

链条和齿轮间的摩擦力能使自行车前进

力臂

支点

负载

杠杆示意图

杠 杆

智慧的古人早已发现了利用杠杆能够省力的秘密。杠杆由一个固定的支点和一根以支点为轴能够旋转的棒组成。在确定支点的位置之后，当我们向杠杆的一端施加力时，杠杆的另一端就会同时产生一个或大或小的力。跷跷板、独轮车、剪刀等物品中都有杠杆作用的影子。

剪刀属于省力杠杆

定滑轮

动滑轮

滑 轮

滑轮是杠杆的变形。滑轮通常是在一个有沟槽的轮子上安装绳索，以方便人工操作。利用滑轮，可以轻松地抬起很重的物品，也可改变施力点和方向，方便人们进行作业。滑轮分为定滑轮和动滑轮两种，各有不同的应用领域。

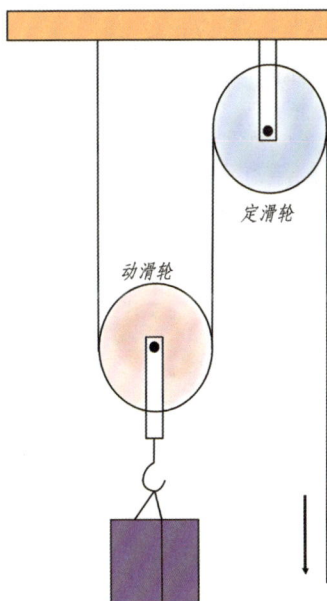

滑轮承载重量

滑轮示意图

如果没有摩擦会怎样？

摩擦常常会造成不必要的损耗，工厂中的工人师傅需要时常给机器添加润滑油，从而保证机器能够正常运转。我们不小心摔一跤，身体和粗糙的地面发生摩擦会磨破我们的衣服和皮肤……这些都是摩擦带给我们的种种不便。如果这种力能够消失，那么工厂里的机器就能够一直正常运转，不会发生损耗和摩擦造成的故障。我们摔跤之后，衣服和皮肤也不会破了。

人们以为摩擦力是一种障碍，但事实上，一旦失去了摩擦，既站不稳，也无法行走，真是寸步难行。比如在冰上步行，由于冰滑，走不多远就累得满头大汗。道路比冰还滑，那时人们只有伏倒在地上才会觉得好受些；没有摩擦力，螺钉就不能旋紧，钉在墙上的钉子就会自动松开而落下来。没有摩擦力，家里的桌子、椅子都要散开来，并且会在地上滑过来，滑过去，根本无法使用；没有摩擦力，行驶的汽车永远都不会停下来；一座座高大的建筑物会慢慢"滑倒"……世界是一团糟。

还好，摩擦力时时刻刻存在于我们身边。虽然在有些地方，它会造成一定的阻碍和损害，但是大多数情况下，它对我们还是有利的。在古代，人们为了生存发明了钻木取火。钻木取火的原理其实是利用摩擦生热，当物体克服摩擦力时就会产生热量，当木头的温度逐渐升高，达到其着火点时，木头就会燃烧起来。

大力家族办法多

从前有个镇子叫大力镇，因为这个镇子里最风光、最有势力的就是大力家族。大力家族可是个名符其实的大家族，哥兄弟好几个，摩擦力、引力、重力……个顶个的身体强壮、力大如牛。它们知道自己力气大，总欺负镇子里的老百姓。

有时候，看到大伙都在卖力气干活呢，大力家族的几个游手好闲的兄弟就趁机使坏了。一个小伙子正在费力地推地上的箱子，摩擦力看了，笑嘻嘻地过去挡路，这下，箱子更不好推了。看着小伙子满头大汗的样子，摩擦力哈哈大笑。

有人家在盖房子，大石块可真沉啊，全靠大家合伙出力，几个人在下面举着，几个人在上面拉绳子，"嗨哟！嗨哟！"真是太沉了，工人的腰都直不起来了。可是引力和重力还有其他几个兄弟，非但不帮忙，还坐在石头上，各自使劲，喊着口号笑话老百姓。老百姓听了，真是气死了，可是他们也没办法——谁敢惹它们这一家子！

没过几天，镇子里来了一个有经验的工匠。大伙听说他经验丰富又十分聪明，便向他诉苦，希望他能帮忙想个办法。

工匠听了人们的遭遇，十分同情，便答应他们会想个办法制服大力家族。

第二天，大伙还忙活着盖房子的弟还像往日一样地捣乱，可奇怪的是，个工匠更是奇怪，居然拿出一个像轮大的绳索绕过轮子，最后，那个工匠高的支架上。随后，那工匠又拉了拉垂

大力家族的几个兄弟看得呆呆的，不是它们看到下面的工人们正把一块大石头拴在绳索的一端，它们管不了那么多了——急忙去捣乱，压着石头，让大伙白出汗。

事，那几个游手好闲的兄大伙竟然没有咒骂它们。一子一样的东西，又把一根粗指挥大伙将轮子固定在一个高到地面的两根绳子……知道这个生面孔在搞什么花样。但

可是这回，大伙一点都没流汗。

那个工匠叫来几个人，要它们观看他的表演：只见他捡起另一端的绳索，稍加用力，那石头竟然被吊起来了，而大力家族的兄弟们可坐不住了，它们怎么使劲也比不过工匠的力气，没一会儿的工夫，它们就滑到了地上，个个摔得屁股痛。

打这以后，它们可算长记性了，只要看到那个轮子被支起来，它们就躲得远远的，再也不敢上去捣乱了。

光

光的折射

光对于人类来说意义重大，没有光，我们将处于黑暗之中，更不要提认识世界了。光是一种能量传播方式，它沿直线传播，并且不需要任何介质就能传播。但有介质的参与，会影响到光的路线，产生反射和折射的现象。

光源的分类

光源可以分为三类：第一类是热效应产生的光，如太阳发光、蜡烛燃烧发光；第二类是原子发光，如霓虹灯通电后发出的光芒；第三类则是同步加速器发光，比如原子炉发的光，但这种光只存在于特定的领域和空间内。

霓虹灯

同步加速器

烛光

光的特性

任何一种光都具有以下三种特性：1.明暗度：它代表了光的强弱——当光源的能量和距离发生改变时，明暗也会随之改变；2.方向：光源唯一的条件下，方向也只有一个；但光源很多的时候，人很难分辨；3.色彩：光的色彩并不固定，受到光源和它所穿越的物质的双重影响。

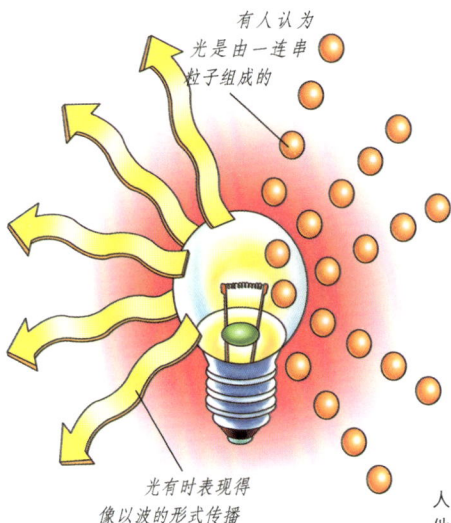

有人认为光是由一连串粒子组成的

光有时表现得像以波的形式传播

光既是波也是粒子

光 速

几个世纪之前，人们误以为光速是无限大的，也是无法测量的。但伽利略以及他的后辈学人则对此提出质疑，到1676年的时候，丹麦天文学家罗默首先测量出光的速度。目前，国际计量大会公认的光速值约为 3×10^8 米/秒，这也是基本的物理常量之一。

第一位成功测量光速的人是天文学家雷玛。1678年他根据木星的卫星发生蚀时在时间上的差异测定了光速

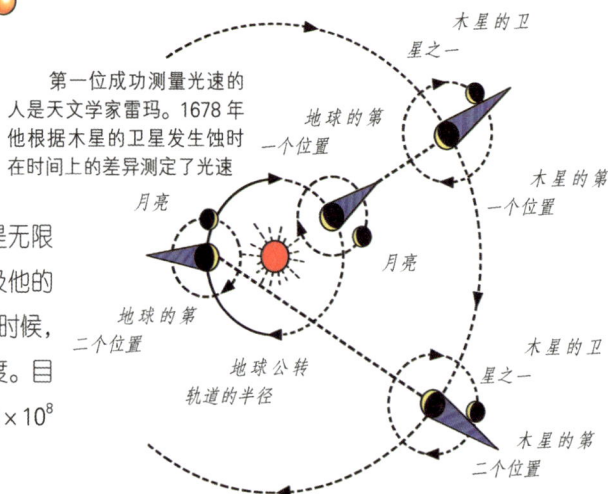

木星的卫星之一

地球的第一个位置

木星的第一个位置

月亮

月亮

地球的第二个位置

地球公转轨道的半径

木星的卫星之一

木星的第二个位置

光的颜色

光是有颜色的，这个结论早在1666年就被牛顿所证实。在那次棱镜实验中，牛顿让阳光照射到一块三棱镜上。这时候，他发现三棱镜所透射出来的光是一条由赤、橙、黄、绿、青、蓝、紫七种颜色所组成的光带，这就是光谱。这其中颜色混在一起，看起来是白色的。

牛顿正在做棱镜实验

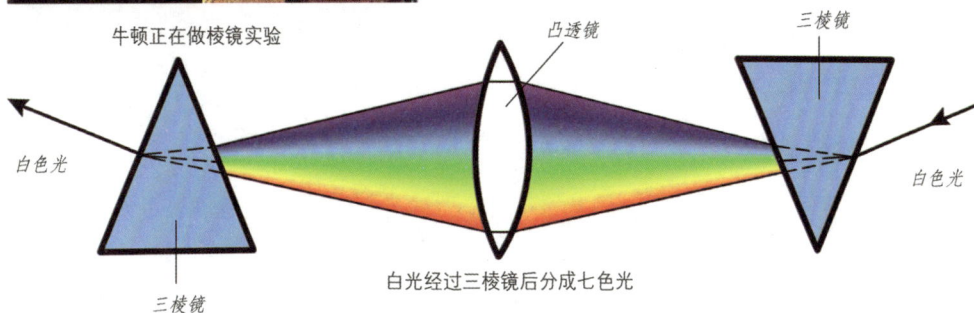

凸透镜

三棱镜

白色光

白色光

三棱镜

白光经过三棱镜后分成七色光

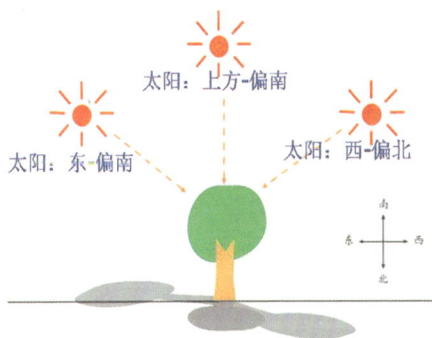

太阳：上方-偏南

太阳：东-偏南

太阳：西-偏北

南

东 西

北

太阳在不同方位照的树的影子方位也不同

影 子

在均匀介质中，光是沿直线传播的，因而，不透明的物体被光线照射的话，会产生一个影子。这就是说，影子是光线无法穿透的物体后面的区域。在医学领域中的无影灯，就是为了把手术台所有的暗影都照亮，所以，无影灯下是没有影子的。

海市蜃楼

夏季时节，在平静的海面或是沙漠上，空中常常会忽然出现亭台楼阁或是现代建筑物飘渺的幻影，这就是海市蜃楼现象。它的起因是夏季海面空气温度低于高空，而光线在冷空气中传播速度慢，从远处景物中反射的光线会发生折射现象，当光线的入射角超过某一角度时，就会出现海市蜃楼的现象。

海市蜃楼

如果人能和光赛跑，会看到什么呢？

More

奇思妙想

先不说光速有多快，总之它能够在人们打开灯的一瞬间内，到达屋子的每一个角落。如果能够追上光，那么就会看到光线最顶端的小亮点。更进一步，如果说我们具有了比光还快的速度，先于它到达了一个地方，那么这里应该是一团漆黑的吧！这其实只是人们从常理上的想象。科学家经过测算，光在真空中的速度可以达到 3×10^8 米/秒，就相当于一秒钟的时间，光可以跑 30 万千米。这样的速度，在目前的现实世界中还没有什么可以超越。1895 年，当爱因斯坦还是中学生时，他从科普读物中了解到光以每秒近 30 万千米的极高速度飞驰，突发奇想："假如一个人能以光速和光一起跑，会看到什么现象呢？"这是一个非常深刻的问题，三言两语不容易说清楚，但不妨这样想象：你在看露天电影时，银幕上的图像借助光线进入你的眼睛，你看到了电影变化着的图像，一切都很正常。现在想象你的座椅装上火箭带着你以光速推行，按照经典物理学理论，奇怪的事发生了！由于你和光跑得一样快，在你眼睛里老是那同一束光线，你看到的永远是同一帧画面，活动电影变成了固定的照片——时间停顿了！一切运动停止了！再进一步设想，你以超光速推行，你超过了光，不可思议的怪事发生了！这时光线不是进入眼睛而是从眼睛中出来了，假设你还看得到的话，看到的是倒放的电影——时间倒流了！年轻的爱因斯坦直觉地判断：这不可能！人永远不可能追上光。他经过十年的反复思考，终于悟出了光速不变原理：相对于任何运动的观察者，光速永远不变。

讨厌一切光亮的小呼噜

小呼噜是一只十足的小懒猪，它每天最喜欢干的事就是睡懒觉了。而它最讨厌的就是一切的光亮，包括太阳光、灯光、蜡烛的光——就连镜子反射出来的光也会受到它的诅咒呢！

太阳跳出来了，哎呀！天亮啦！"小呼噜，快起床吃饭，你要迟到了！"妈妈一边做饭一边大声地提醒小猪快起床。"哼！这讨厌的太阳，你不愿意睡觉还得逼我也起床，真是讨厌！"小呼噜又在抱怨中开始了新的一天。

到了晚上，太阳刚走，月亮就迫不及待地蹿出来，散发出一片皎洁的白光。家家户户都点亮了电灯。"哎，快点关掉灯吧，我早就想睡觉了！"小猪又抱怨起来。"可是，你的作业还没写完呢，要写完作业才能睡觉！"听到这话，小呼噜没办法，只好三下两下草草地写完了作业，然后赶忙跳上床睡大觉去了。

可日子每天都得这么过，小呼噜实在是烦透了。有一天，它在上学的路上，看着头顶的太阳，竟然不自觉地念叨起来："你们这些发光的东西，真是讨厌极了，把世界照得这么亮，完全不考虑我们的感受，你们什么时候才能离开我们这呀！"

它这话啊，还真的被太阳听到了。太阳也感到委屈，"我无私地将自己的光和热洒下来，就是为了让你们能种庄稼，吃得饱呀！没有了我，你们哪有今天的好日子。"想到这，太阳委屈极了，它带着所有的电灯和蜡烛，一起离开小猪呼噜的家乡。

"嚯！天黑啦！"太阳一走，整个镇子变成了黑暗的世界，连电灯和蜡烛也都不见了。小猪可高兴啦！虽然什么都看不见，但它可以光明正大地睡大觉了——反正现在啥也看不见！

可是，没过几天，整个呼噜小镇都乱套了。大伙啥也看不见，一点儿光亮也没有，走个路都能撞到人，拿东西也总是拿错，再不就是进错房间闹出笑话……

不过这些都是小事，没了光亮，庄稼都不长了，农活也没法干了。这下大伙没吃的了，整天饿肚子。

这下，小猪呼噜害怕了，它到处找光亮，求太阳、电灯和蜡烛一起回来，费了好大的劲，才把太阳啊，电灯啊，蜡烛什么的都请了回来。这回，它可知道光的重要了。

进化论

进化论是当代生物学的经典理论，又称演化论。进化论的观点认为生物是由无生命到有生命、由低级进化到高级、由简单演化到复杂的一个不断演变和进步的过程。进化论的创建者是英国著名生物学家达尔文。而他的"进化论"被恩格斯推崇为19世纪自然科学的三大发现之一。

查尔斯·罗伯特·达尔文（1809—1882），英国伟大的生物学家，进化论的奠基人

早期物种理论

在很久之前，人们就对物种的起源问题提出过种种假设，如中国的"阴阳八卦"学说、西方的"上帝创造万物"学说，甚至在文艺复兴时期，欧洲还曾流行过所谓的"不变论"，到18世纪后，又出现了带有唯心主义色彩的"活力论"和"拉马克主义"。

神创论

人类进化示意图

《物种起源》

1859年出版的《物种起源》一书，系统地阐述了达尔文的进化论观点。该书主要论证了两个问题：1. 物种是可变的，生物是进化的；2. 自然选择是生物进化的驱动力。这两个学说的公布，击败了"神创论"，成为生物学研究的基石。

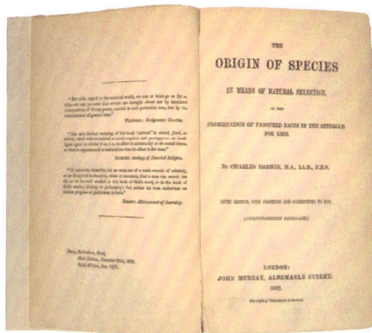
《物种起源》书影

理论缺陷

　　进化论的观点虽然得到了科学家的实验证实，如孟德尔的遗传定律，但在当时，依然面临挑战。比如，进化的过程方面缺少过渡型化石，这就不能有力地证明进化论；其次便是地球年龄的问题；另外，达尔文自己也无法说清自然选择的过程到底是怎样的。

三叶虫化石

进化的形式

　　进化的形式具有多样性，并涉及诸多的概念，如适应辐射、趋同进化、平行进化以及进化速率和进化趋势等。此外，进化存在两种性质不同的进化改变，一种是前进进化，另一种叫作分支进化。

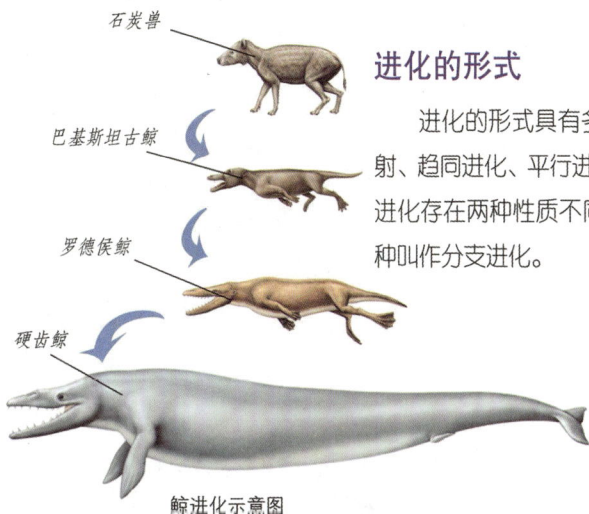

石炭兽

巴基斯坦古鲸

罗德侯鲸

硬齿鲸

鲸进化示意图

大象进化示意图

现代马

草原古马

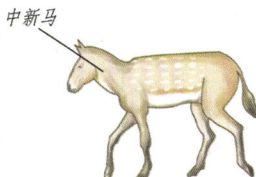

中新马

进化的趋势

　　追溯生物进化的整个进程，我们可以发现其过程呈现出某种方向性的趋势，但这种趋势并不是自然界中既定的，这里的方向性属于统计学范畴内的趋向。而这种进化的趋势所产生的原因并没有固定的因素。

始新马

马进化示意图

如果人类还在进化，未来的人类会是什么样？

奇思妙想

人类从远古时期走来，从最初的用四肢爬行进化到今天的直立行走，经过了一个很长的历史时期。但随着人类生活环境、生活习惯等的改变，人类是否还在进一步的进化中呢？

科学家通过研究做出了以下预测：

未来人的外形很有可能和大脑袋的外星人很相似，除了脑袋很大之外，还有一双很大的眼睛。因为有了更多的代步工具，腿部缺少了锻炼，也失去了行走的必要性，于是会慢慢地萎缩，变得短小。手臂也是同样的道理，很多的工作都有机器人帮着完成了，人类只需要用手指完成几项简单的操作就行了。如此说来，人类的手臂也会变得短小，但是手指会变得细长以便于进行各种操作。从人类现在的生活来看，科学家对未来人类外形的预测并不是完全没有根据的。最初人类直立起来行走，解放出了双手是为了可以进行更多的劳动。然而现在，人类更多地趋向脑力劳动了，于是需要更多的脑容量。所以，未来人的颅腔会很大，也就是头会很大。

由这个进化趋势看来，未来的人类似乎看上去像是一个个短手短脚的大脑袋怪物，但这只是科学家的一些猜想，虽然存在一定的合理性，但是事实的发展谁也无法真正准确地加以预测。所以，人类日后到底会进化成什么样子，还是看自然怎么雕琢吧！

猿猴的梦想

一个天大的消息正迅速地流传于草原上的猿猴家族之中——它们的一个近亲家族居然进化成人了。

大伙都惊呆了，同时也羡慕极了。它们知道人类是当今地球上最为先进的物种了。那些变成了人的猿猴再也不用经受风吹日晒、寒风苦雨了。它们用双手建造出坚固的木房子，又在家门前点燃篝火，既能取暖，还能炙烤肉类——那烤肉的味道别提多香啦！最重要的是，它们的篝火还能吓跑黑夜里的狼群。

人类是最聪明、最高等的物种，并且有阅历的老猿猴都说："人类早晚会称霸整个地球，他们才是地球真正的主人呢！到时候，所有的动物都得供他们驱使，为他们做事。"

想到这些，猿猴家族做出了一个决定——要努力进化，变成人！

然而进化的历程可不是说说而已，需要付出极为艰辛的努力。首先，它们要培养直立行走的习惯。它们不得不使劲挺直自己的脊背，并且一整天都保持直挺挺的姿势。有些猿猴因为性子太急，竟然"嘎嘣"一声崩断了自己的腰，养了好多天才好呢！打那以后，这些受伤的猿猴再也不敢挺直腰板了，因为它们不想变残废啊！

不过还是有很大一部分猿猴适应了新姿态，它们逐渐养成了直立行走的步态。此后，它们竟然发现了另一个好处，它们的双手得到了解放，能够在走的同时进行一些"抓、取、握、拉"的动作了。它们觅食的效率也提高了，身体反而更好了。

而进化成人的最关键的一步，就是锻炼自己的大脑。这些猿猴早就习惯了本能，从来不喜欢思考。现在它们得强迫自己锻炼大脑，遇事不能硬碰硬，得想出一些点子来应付自然界的危险。有趣的是，这些猿猴在进行简单的思考时，总爱用自己的手抚摸自己的额头，渐渐地，它们额头上的毛都掉光了，露出了光滑的皮肤——它们看起来好看多了，也更像人了。

这些猿猴为了劈柴，发明了简易的石斧，后来，它们又将石斧磨得更加锋利，石斧还能帮它们切割猎物。最后，它们用了好久的时间，学会了点燃火苗。

这下，经历了千辛万苦的猿猴家族终于进化成人类了。而它们的后代则比它们更具优势，也更加聪明了。

蒸汽机

18世纪发生了人类历史上最伟大的一次变革——第一次工业革命，而蒸汽机可谓是工业革命的引擎。蒸汽机是一种动力机械，它能将蒸汽能转换为机械能以此推动机器的运转。直到20世纪初期，蒸汽机依然是世界上最重要的动力设备。

第一部蒸汽机车是由英国人理查·特里维西克在1804年2月21日制造的

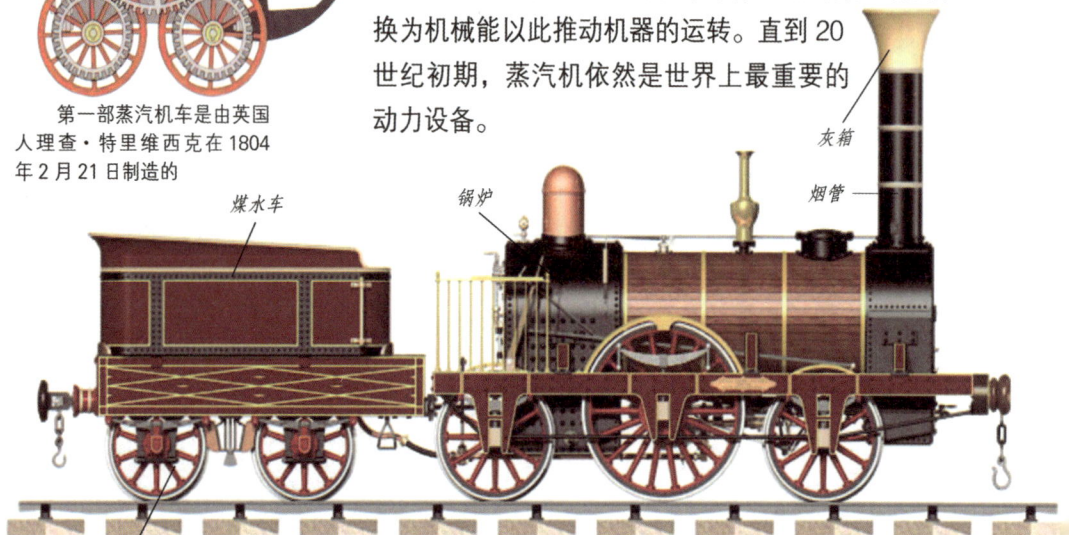

灰箱

烟管

煤水车

锅炉

车架走行部

早期蒸汽机车的构造

诞生史话

蒸汽机的诞生可以追溯到公元1世纪，古希腊数学家西罗发明的气转球可谓是蒸汽机的雏形。1679年，法国物理学家丹尼斯·巴本制造出了第一台蒸汽机的工作模型。此后，托马斯·塞维利、托马斯·纽科门以及詹姆斯·瓦特都为蒸汽机的发展做出了不同的贡献。

瓦特对可门蒸汽机进行改造

创造性的改良

在蒸汽机的应用史上，瓦特是最不可忽视的一位天才改良者。他在实践中逐渐发现了蒸汽机的弊端所在。从1765年到1790年，他不断地进行创造性的改进，如分离式冷凝器、气缸外设置绝热层、用油润滑活塞等一系列发明，大大提高了蒸汽机的效率，最终形成了现代蒸汽机。

瓦特发明的蒸汽机

迅速推广

到 18 世纪晚期，蒸汽机的应用范围已从采矿业扩展到冶炼、纺织以及机器制造业等多个领域。在蒸汽机的推动下，英国的纺织业效率大大提升，投入到市场的纺织品的数量是原来的 5 倍，增加了市场的消费品，又加速了资本的积累。这反过来又促进了运输效率的提升。

"克莱蒙号"

1776 年，人们开始探索将蒸汽机应用于轮船上，使之成为新的驱动设备。到 1807 年，美国人富尔顿终于取得成功，研制成功了第一艘以蒸汽为动力的机船"克莱蒙"号。此后的百年间，轮船都以蒸汽作为动力。

1807 年，发明家罗伯特·富尔顿建造的"克莱蒙号"，首次在纽约的哈得孙河上行驶

1829 年，斯蒂芬孙研制的"火箭号"蒸汽机车

铁路时代的"开创者"

1803 年，英国人特里维西克以蒸汽机为动力推动一辆行驶于环形轨道上的机车前进，这是最早的机车雏形。1829 年，英国人斯蒂芬孙在机车的基础上研制出了新型"火箭号"蒸汽机车。这辆机车所拖带的一节车厢能够搭载 30 位乘客，时速可达 46 千米。这项发明一经公布，便引起了世界的瞩目，因为它将世界带入了一个全新的"铁路时代"。

更新换代

蒸汽机虽然极大地提高了工业效率，但其固有的缺点，如笨重庞大，温度和压力较低，功率提高有限。因此，人们又发明了质量更轻、体积更小、热效率更高的内燃机。它成了运输业中更为抢手的驱动设备。

内燃机车

如果火车头设计得很轻会怎样？

火车头之所以能够带动后面一节节的车厢向前行进，是因为火车头车轮的滑动摩擦力克服了车厢的车轮的滚动摩擦力，也就是说火车头有足够的牵引力能带动沉重的车厢。而火车头的质量和它的滑动摩擦力是成正比的，因此火车头越重，产生的牵引力就越大，也就能够拉动几十节车厢。火车头要是太轻了，最直接的后果就是拉不动后面的车厢，动力就更不足了。

最初的蒸汽机火车有一个大锅炉装在车架的前端。在锅炉下面烧着煤火，用来将锅炉里面的水加热成蒸汽，再由锅炉上的一根管子将蒸汽引入车子前轮上方的汽缸里。蒸汽的力很大，可以推着汽缸里的活塞向前移动，而活塞通过连杆和曲轴与前轮连在一起，于是随着曲轴的转动，车轮就跟着转起来，从而使车子前进。此后不久，这种冒着黑烟、喘着粗气的车子先后在英国和德国出现了，如英国1804年制成的蒸汽机车。不过，它的模样和先前不大一样了：有的将锅炉移到车子的中间，并罩上罩子，两头还装上几排座位；有的把锅炉移到车后部，而在前面坐人的地方装了一个车厢，等等。蒸汽机车有点近代车的气派了。1825年9月27日，从英国斯多克顿到达林顿的世界上第一条铁路正式通车了。

由蒸汽汽车改制成的蒸汽机车（我们平常所说的火车头）开始大显身手了，蒸汽机从此派上了大用场。这同时也宣告了世界上第一列火车正式问世。1866年，德国工程师西门子与技师哈卢施卡联营创立电机公司，发明强力发电机，制成世界上第一列电力机车。到了21世纪，磁悬浮列车的速度可与一般的飞机速度相媲美。

蒸汽机找工作

一台改装好的蒸汽机走出了厂房。看它呼呼喘着粗气，庞大的块头，似乎预示着它有良好的体格和一身的本领。

这台蒸汽机自己也极为自信——它可是最能干的，谁的本事也没它大。它现在就要出门去找一份工作了。作为一种新式的设备，它能去的地方实在是太多了，而且都是当今世界上最领先的行业呢！像什么冶金部门啦，纺织业啦，轮船运输、火车上哪能少了它们的身影啊？

这台蒸汽机早有志向，它要去轮船上工作——走南闯北，经历风雨，才能增长见识呢！

轮船公司对蒸汽机的到来欢迎至极，给它提供优越的条件和极高的报酬，还把它安排到最先进的轮船上去工作。蒸汽机满意极了，它一口答应下来，当天就上岗了。

新式轮船有了蒸汽机的辅助，立即起锚出海了。刚刚参加工作的蒸汽机干劲十足，每天呼哧呼哧地干活，也不觉得累，只希望轮船能跑得更远，让它见识更多的风景。

蒸汽机对自己的工作自然是满意极了。可不知从什么时候开始，船员们开始抱怨个大家伙一个人占那么大的地方，还要有时候还挑三拣四的，稍有不满，就都慢了不少。"但蒸汽机听了，不以

起来："这消耗不少的煤炭，罢工了。航行的速度为意。

不用再来上班了。蒸汽机感要剥夺我的工作？"船长是的老板听说你的工作情况，觉而且它现在找到比你更好的人

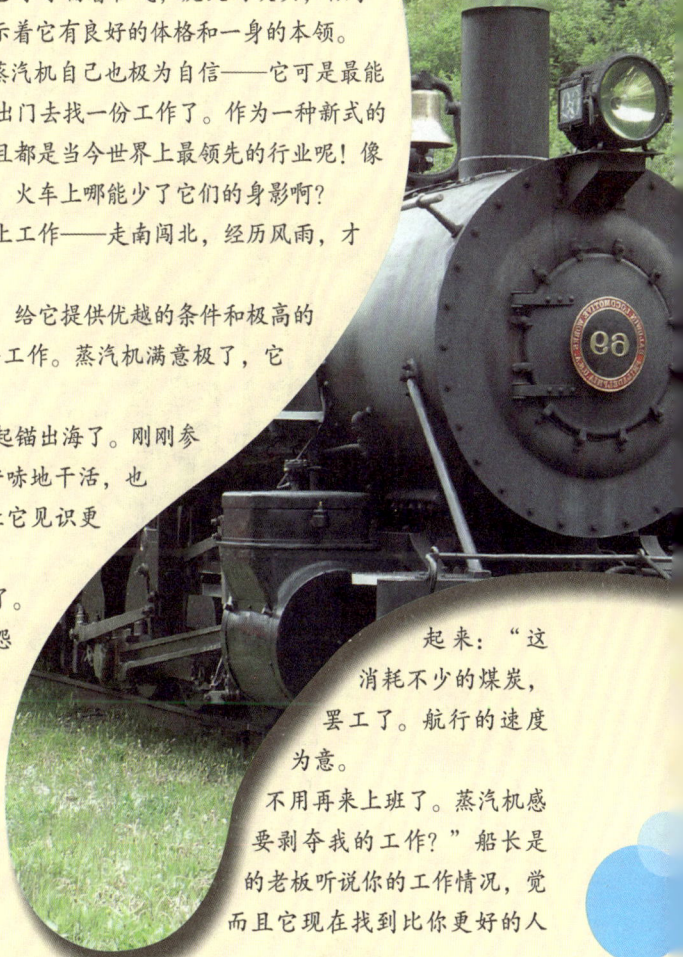

可是有一天，船长却通知蒸汽机，到非常诧异："这是为什么？为什么个直来直去的人，便对它说："我们得你空有一副大个子，干活却不怎么样。选了——叫内燃机。"

"内燃机是谁？它能比我更有本事吗？"

"内燃机没你个子大，但是干起活来可勤快了，又快又好，老板当然要选它了。"船长毫不隐瞒地说道。"不过，我也劝你一句，你也该改改了，你现在赶紧去找工作吧，兴许还能再找到一份不错的工作。"船长提醒了一句，便走了。

蒸汽机没办法，只好再次去找工作，可是这回，它却不像之前那么受欢迎了，因为人们都知道内燃机的好处了，大伙都争抢着聘请内燃机到自己的厂子来工作呢！

后来呀，蒸汽机实在没地可去，只好去博物馆里谋了一个闲职——当了一个讲解员。

显微镜

显微镜的出现将人类带入了微观的原子世界。它是由若干个透镜组合而成的光学仪器，能将微小的物体放大至人肉眼可见的倍数。显微镜有光学显微镜和电子显微镜两种。最早的显微镜属于光学显微镜，诞生于 1590 年，发明人是荷兰的眼镜商詹森父子。

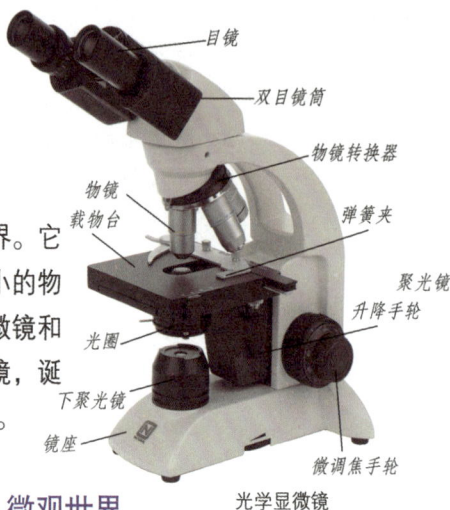

目镜
双目镜筒
物镜转换器
物镜
载物台
弹簧夹
聚光镜
升降手轮
光圈
下聚光镜
镜座
微调焦手轮

光学显微镜

列文虎克

列文虎克的显微镜

微观世界

显微镜出现后，人类的视野便进入了微观世界，人们能观测到微生物和植物纤维的构造。而最早使用显微镜进行科学研究工作的便是意大利科学家伽利略，他在显微镜的帮助下，观察到一种昆虫，还向人们描述了它的复眼构造。随后，荷兰人列文虎克在显微镜的帮助下观测到更多的微生物，并成为世界上首位发现"细菌"存在的人。

数码显微镜

数码显微镜是在光学显微镜的基础上，将先进的光电转换技术、液晶屏幕技术结合而成的一款具有高新技术的产品。它解放了人的双眼，将放大后的物质用液晶显示器显现出来，提高了科研人员的工作效率。数码显微镜分为台式数码显微镜、手持式数码显微镜及无线数码显微镜。

显示屏
机身
显微镜头
载物台

数码显微镜

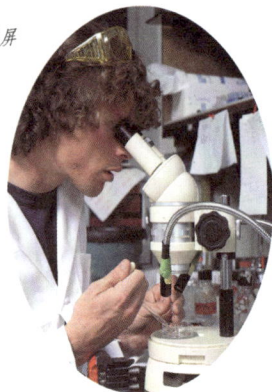

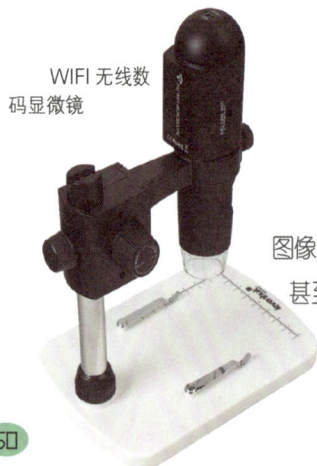

WIFI 无线数码显微镜

WIFI 无线数码显微镜

WIFI 无线数码显微镜，又叫视频显微镜；它能将显微镜镜头下的图像通过数模转换，显示于显微镜自带的屏幕上或是计算机、平板电脑甚至是智能手机上。其最大的技术改良是利用了无线 WIFI 传输技术，这填补了显微镜领域无线传输的技术空白，为特殊场合的工作提供了极大的便利。

电子显微镜

　　光学显微镜的最大放大倍率约为 2000 倍，而如今的电子显微镜则可以将物体放大 1500 万倍，这意味着，人们可以通过电子显微镜直接观测到某些金属的原子及原子点阵。但电子显微镜对工作环境要求极高，需在真空条件下工作，所以不利于观测活的微生物，且电子束会对生物产生辐射。

电子枪
射线校正线圈
第一聚光镜
第二聚光镜
二次电子探头
样品

电子显微镜

牛顿望远镜

伽利略望远镜

望远镜

　　在向微观世界探索的过程中，人们并未放弃对远方的探索。望远镜的诞生过程与显微镜有异曲同工之处，它也是利用透镜特性而发明的观测遥远物体的光学仪器。望远镜可将远处物体放大，也能将远处看不到的暗弱物体送入人的视觉中。最早将望远镜引入科研领域的是伽利略，他发明了 40 倍的双镜望远镜。

硬 X 射线调制望远镜

　　2015 年，我国科研工作者将中国人自己研制的新型天文望远镜——硬 X 射线调制望远镜送入太空，成为中国第一颗天文卫星，成为我国在天文卫星发射领域的新创举。而它升空后的主要作用是承担对黑洞以及与黑洞相关的中子星等宇宙物质的研究。

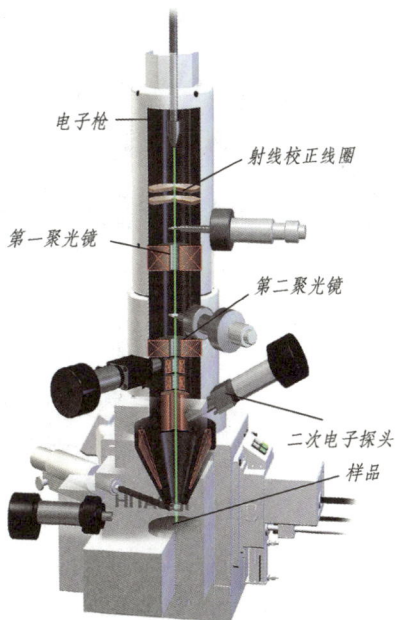

如果用哈勃望远镜观测太空，可以看多远？

奇思妙想

目前，一个国际天文学家小组公布消息说，他们在哈勃太空望远镜的帮助下，已经观测到目前距离地球最遥远的星系，这是宇宙观测距离上的最新记录。

该小组在新一期《天体物理学杂志》上报告说，这个名为GN－z11的星系是一个异常明亮的"婴儿星系"，位于大熊星座方向，距地球约134亿光年。这意味着，我们现在看到的"婴儿星系"是它在宇宙大爆炸4亿年时的样子。

这也是哈勃太空望远镜观测能力的最新极限。几年之内，GN－z11会一直被认为是距离地球最遥远的可见星系。若想打破这个记录的话，只能等到2018年詹姆斯·韦伯太空望远镜发射升空后才能实现了。

至于哈勃望远镜则是目前为止最为著名的太空望远镜。它以天文学家埃德温·哈勃的名字命名，位于地球外侧的轨道上。1990年4月24日，哈勃太空望远镜被美国航天飞机送上太空轨道。哈勃太空望远镜长13.3米，直径4.3米，重11.6吨，造价近30亿美元。它以2.8万千米的时速沿太空轨道运行，清晰度是地面天文望远镜的10倍以上。

因为处于地球大气层之外，哈勃望远镜具备了极大的环境优势，它拍摄到的影像不会受到大气湍流的影响，视相度绝佳，又不会被大气散射所干扰，还能观测到被臭氧层吸收的紫外线。因此，哈勃望远镜自升空后，便成为天文领域最重要的仪器之一。它弥补了地面观测的不足，帮助天文学家解决了很多难题，扩展了人们对于天文学的认识。

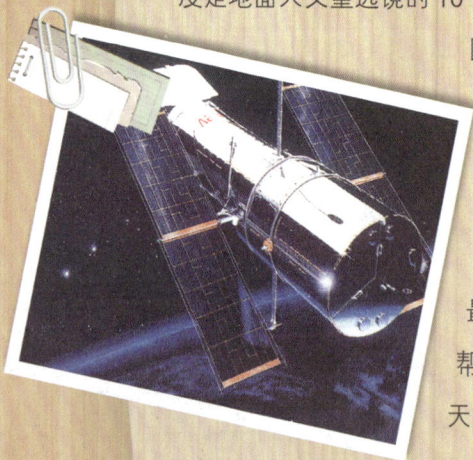

显微镜捉凶

夏天到了，池塘边的蚊子也多了起来。它们整天"嗡嗡嗡"到处飞，专门趁人不注意的时候叮上一口。它们专干吸人血的勾当，更可恶的是，它们还会传播疟疾。

小朋友被蚊子"袭击"了，胳膊上痒死了，痒得他哇哇大哭。更不幸的是，这个小朋友的身子太弱了，又被传染了疟疾，一会儿热得满头大汗，一会儿冷得发抖。小孩子不会说话，哭得更狠了。

可是那作恶的蚊子呢？还像没事一样，得意扬扬地到处飞，"嗡嗡嗡"地唱着胜利的歌曲。小孩子的父母被气坏了，他们知道蚊子就是那个传播病毒的坏家伙，便想着捉它来治罪。

蚊子太狡猾了，总是"嗡嗡嗡"地飞，却不见它的身影。小孩子的父母费了好大劲，想了好多办法才捉住了它。为了防止它偷偷逃跑，他们将这只蚊子装进了一个玻璃瓶里——这下，它可是"插翅难逃"了。

小孩子的父母隔着玻璃瓶数落蚊子的恶行。可是蚊子呢？却是一副不以为意的表情。它嗡嗡地说道："我是吸了他的血，可你们凭什么说我传播了病毒？你们不要血口喷人，冤枉我。"

小孩子的父母被蚊子的这番话气得哑口无言，只好把它打算饿死它。

到了第二天，那只蚊[子]关在玻璃瓶里，子居然还没死，但也飞不动了，只能老老实实地趴在瓶子壁上苟延残喘。

中午的时候，孩子[的爸爸]忽然拿了一个新式的设备回来。他敲了敲玻璃瓶，对蚊子说道："我今天要用显微镜找出你传播病毒的证据。我要让你心服口服。"不过蚊子已经没力气反驳了，只能任由孩子的爸爸取出了它的口水。

小孩子的爸爸将蚊[子]的口水放在显微镜的载物台上，调好焦距，便开始观察起来。蚊[子]的口水里果然藏着很多圆圆的小东西——疟原虫的孢子——它们就是使人得上疟疾的元凶。当蚊子吸血的时候，疟原虫的孢子就会溜进人的血液里，长成疟原虫，最后导致人们感染疟疾。

这下，事实摆在面前，蚊子也不得不认罪了。

贝尔电话机

电　话

1876 年 3 月，美国人亚历山大·格拉汉姆·贝尔申请了电话的专利权。从此，人类进入了一个全新的通信时代。电话通信技术的主要特点是将声能转换为电能，并以"电"为媒介传输语言——打破空间上的界限。

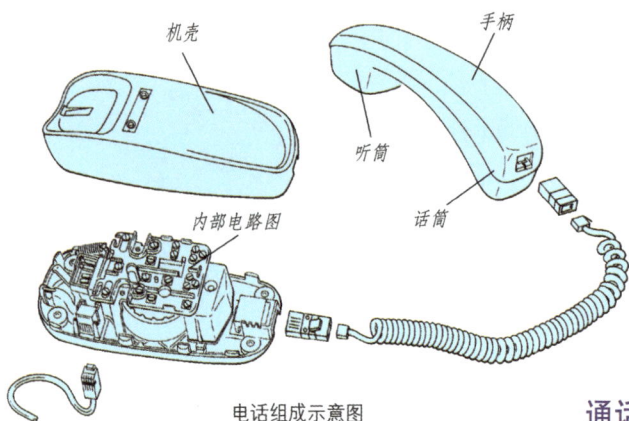
机壳
手柄
听筒
话筒
内部电路图
电话组成示意图

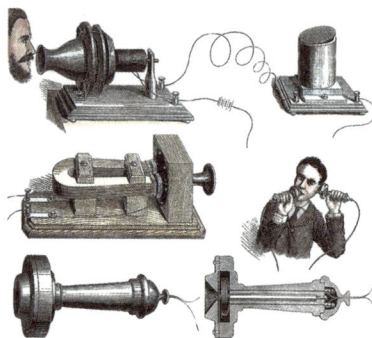
亚历山大·贝尔发明的电话分解图

通话原理

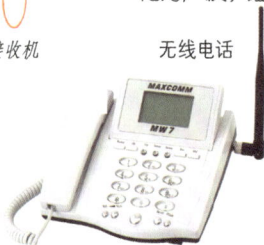
电话线路
接收机
碳粒
电池
接收机
电话通话原理示意图

以电话为媒介进行通信的过程分为以下几个步骤：通话的一方拿起电话对着送话器讲话，声带的震动引发了空气的震动，形成声波；声波又刺激送话器，使之产生电流——这就是话音电流；话音电流通过线路传送到对方电话机的受话器内；受话器再将电流转化为声波，经过空气，最终传入人的耳朵中。

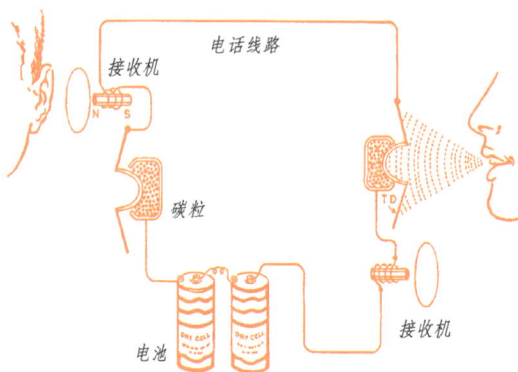
无线电话

早期发展

最早的电话机叫磁石式电话机，它由微型发电机和电池构成。通话之前，一方用手摇微型发电机发出电信号呼叫对方，对方启机后构成通话回路。1877 年，爱迪生发明了碳素送话器和诱导线路后，通话距离得以延长；1882 年，共电式电话机问世；1891 年，又诞生了自动式电话机。

爱迪生发明的电话

无线通信时代

　　手机的诞生开启了无线通信时代。1973 年 4 月，美国工程师马丁·库帕发明了世界上第一部民用手机。但当时的手机十分笨重，素有"大哥大"之称——但它进一步扩大了通信的范围。如今手机已有数十年的发展历史，通信技术已进入了 4G 时代。

马丁·库帕与他发明的手机

体形上，轻薄小巧，甚至与一枚鸡蛋的质量差不多

手机附加功能越来越多，除了最基本的通话和短信功能外，还增加了收发邮件、上网、玩游戏、拍照等多项办公和娱乐功能

智能手机时代

　　智能手机在通话功能的基础上增加了 PDA（掌上电脑）的功能，并能通过无线数据进行通信。智能手机的屏幕尺寸使其便于携带，带宽又为软件运行和内容服务提供了广阔的空间，可以开展多种增值业务。

4G

　　4G 意为"第四代移动通信及其技术"，其特点是能够传输高质量视频图像，并且图像传输质量可达到高清晰度电视的程度。4G 系统的下载速度可达 100Mbps，是从前拨号上网速度的 2000 倍，上传速度可达到 20Mbps，可轻松连接无线网络。2013 年 12 月 4 日，工业和信息化部正式发放 4G 牌照，我国的通信行业由此迈入了 4G 时代。

通信行业进入了 4G 时代

如果没有手机会怎样？

没有了手机，人们在外出时的联络就变得很不方便，不过在一些大中型城市可以使用 IC 电话。没有了手机，那些与手机相关的产业就不会出现，像中国移动和中国联通这种电信集团也没有了存在的必要。没有了手机，也就不会有与之相辅相成的移动通信技术的产生。

直到 1985 年，世界上才诞生出第一台现代意义上的、真正可以移动的电话。第一代手机是指模拟的移动电话。由于当时的电池容量限制和模拟调制技术需要硕大的天线和集成电路等制约，这种手机外表四四方方，只能称为可移动但算不上便携。第二代手机也是最常见的手机，通常这类手机使用 PHS、GSM 或者 CDMA 等这些十分成熟的标准，具有稳定的通话质量和合适的待机时间。在第二代中为了适应数据通信的需求，一些中间标准也在手机上得到支持，例如支持彩信业务的 GPRS 和上网业务的 WAP 服务，以及各式各样的 Java 程序等。相对第一代模拟制式手机和第二代 GSM、CDMA 等数字手机，第三代手机一般地讲，是指将无线通信与国际互联网等多媒体通信结合的新一代移动通信系统。它能够处理图像、音乐、视频流等多种媒体形式，提供包括网页浏览、电话会议、电子商务等在内的多种信息服务。为了提供这种服务，无线网络必须能够支持不同的数据传输速度，也就是说在室内、室外和行车的环境中能够分别支持至少每秒 2 兆比特（Mbps）、每秒 384 千比特（kbps）以及每秒 144 千比特（kbps）的传输速度。未来的手机将偏重于安全和数据通信。一方面加强个人隐私的保护，另一方面注重加强数据业务的研发，更多的多媒体功能将被引入，手机会具有更加强劲的运算能力，成为个人的信息终端，而不是仅仅具有通话和发送消息的功能。

受到"冷落"的信鸽

在电话发明之前，人们要想传递消息就得拜托信鸽来帮忙。

信鸽善于飞行，又有信誉，心地也十分善良。每当有人求助它给远方的亲人带封书信的时候，它便将书信绑在小腿上，开始长途跋涉，总是不负重托。

因为要传递书信的人实在是太多了，所以信鸽总是不停地在天上飞来飞去，片刻也不得闲。

但是最近这阵子，信鸽明显地感觉到来拜托它捎带书信的人越来越少了，有时候好几个月都没有一个。它感到奇怪极了，它觉得自己办事稳妥，从没弄丢过一封信，怎么大伙就不来找它了呢？

信鸽的闲暇时间多了，便悄悄飞落在人家的房檐上，暗暗地观察。它发现街道上多了很多电线杆子，好多条黑线接入了人家的屋子里。它感到纳闷，这根黑线是干什么用的呢？

为了看得更清楚，它只好落在人家窗子外的窗台上。这次，它终于看清了：那根黑线进入屋子以后，又被插入一个塑料盒子里了。可是那个上面有数字的小盒子是干什么的呢？

"丁零零！丁零零！"信鸽被这突如其来的声音吓了一大跳。它好奇地瞅来瞅去。忽然，一个小朋友蹦蹦跳跳地跑过来，拿起那个小盒子，"语"起来……

信鸽实在是想不通，只好一会儿，一群从南方飞来的见多识广，立即抬头喊道："大问题请教你。"

大雁低头看看，原来是信房檐上。"大雁姐姐，我最近你知道这是为什么吗？还有你知么的吗？"信鸽一口气问了好几个问

竟对着它"自言自语"起来……

飞回到房檐上慢慢想。过了大雁经过此地。信鸽觉得它们雁姐姐，可不可以停一下，我有鸽妹妹。它立即呼扇着翅膀落在了闲得无聊，都没人找我捎带书信了。道那根黑线和屋子里的'盒子'是干什么的吗？题。

大雁低头看看，便明白了。它对信鸽说道："我说妹妹，你整天忙于工作，也不知道世界发生了变化。你说的那个'盒子'是电话，人类的新发明。有了它，人们无论距离多远，只要拨通号码，立刻就能通话了。人们当然不需要拜托你去送信了。"

"原来是这样！那个奇怪的盒子叫作电话。"信鸽这才明白自己受到"冷落"的原因。

电视机

电视机是"电视信号接收机"的简称，它是一种用电的方法即时传送活动的视觉图像的机器。电视机的原理与电影类似，利用人眼的视觉残留效应显现一帧一帧渐变的静止图像，在视觉上形成"活动"的影像。

约翰·洛吉·贝尔德和他的机械电视系统

约翰·洛吉·贝尔德的机械电视

世界上第一台电视机

1925年，世界上第一台机械式电视机诞生了，他的发明者是英国的电子工程师约翰·贝尔德。他的电视机中最早展示的图像是一个"扫描"出的木偶的图像。他也因此被誉为"电视之父"。

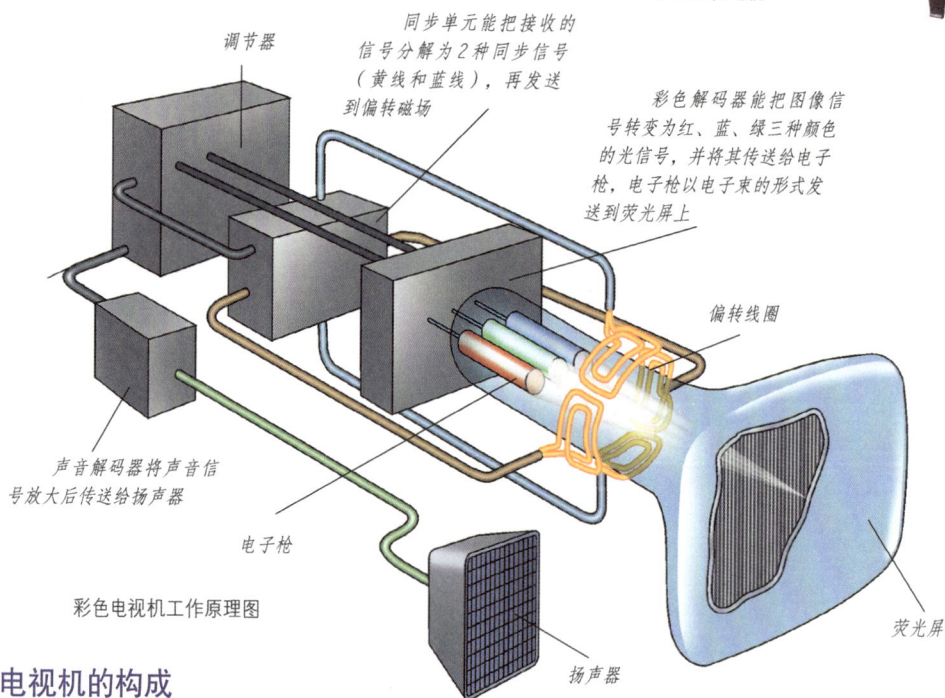

调节器

同步单元能把接收的信号分解为2种同步信号（黄线和蓝线），再发送到偏转磁场

彩色解码器能把图像信号转变为红、蓝、绿三种颜色的光信号，并将其传送给电子枪，电子枪以电子束的形式发送到荧光屏上

偏转线圈

声音解码器将声音信号放大后传送给扬声器

电子枪

彩色电视机工作原理图

扬声器

荧光屏

电视机的构成

电视机由复杂的电子线路和喇叭、荧光屏等部件组成。其工作过程为，通过天线接收电视台发射出的全电视信号，再由电视机内部的电子线路将视频信号和音频信号分离开来，分别传输到荧光屏和喇叭中以向观众输送出图像和声音。

技术的飞跃

1928年，美国的RCA电视台最早播出了第一套电视节目《Felix The Cat》。从此，人类的生活、信息传播和思维方式被改变了。时至今日，电视机也已经经历了从黑白到彩色、从模拟到数字、从球面到平面的巨大飞跃。

1958年，中国诞生了第一台黑白电视机。第一台电视机是利用苏联的元器件生产出来的14寸黑白电视机，名为"北京"牌。中国的电视机制造技术在世界范围内可达到与日本比肩的水平

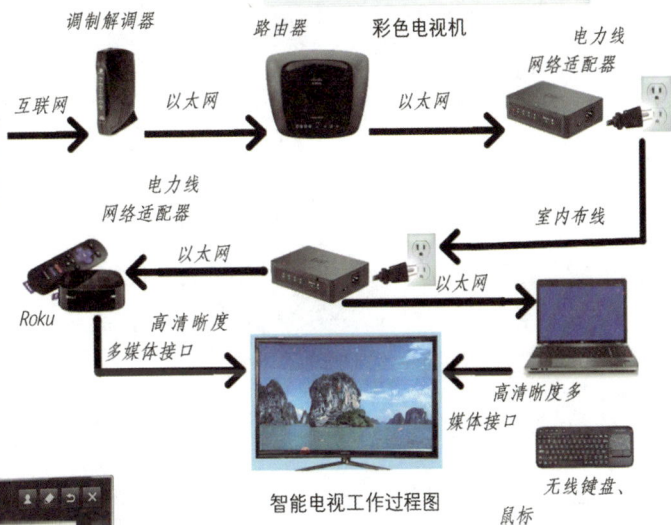

调制解调器　　　路由器　　　彩色电视机　　电力线网络适配器

互联网　以太网　以太网

电力线网络适配器　　　　　　室内布线

Roku　以太网　　以太网

高清晰度多媒体接口

高清晰度多媒体接口

智能电视工作过程图　　　无线键盘、鼠标

智能电视

如今的电视机制造业的趋势体现为"高清化""网络化"以及"智能化"，这催生了一种新型电视机——智能电视。智能电视的出现，将网络、AV设备以及PC设备融为一体，成为一个更具开放性的内容输出设备。

智能电视机

4K

4K是近年来的一个流行词汇，它指3840×2160的物理分辨率。在过去，1080P即为全高清标准，4K的分辨率可达全高清的4倍。拥有4K分辨率的电视机具有画面更精细、更细腻的优势，更有利于3D资源的显示。对于观众的体验来说，可谓是质的飞跃。

电视机的4K分辨率是画面

如果没有电视会怎样？

奇思妙想

如果没有电视，忙碌了一天的人们想找个轻松的休闲方式时，就没有办法惬意地待在家中收看各种影视节目。如果没有电视，人们接受各种新闻信息将变得不再及时和直观，他们只能从报纸和广播中去了解世界上发生了什么事情，但是却无法看见真实的情景。

追溯电视的历史，1883年德国人尼普科夫根据视觉暂留原理发明了扫描盘，这是电视机不可缺少的扫描方式。1923~1932年间，英国人贝尔德和金肯斯应用尼普科夫的扫描盘成功地完成了电视实验。与此同时，美国贝尔实验室的艾夫斯和德国人克拉温克尔也先后于1927~1929年间完成了电视系统的实验研究。1928年，移居美国的俄国人兹窝里金发明了用于传送电视影像的使用光电管。这是一个划时代的发明，它的原理是，使光像存留在光电性马赛克面上，以电子扫描发射信号。接着，另一位发明家范斯沃斯发明了析像管。这样，现代电视的关键部件便基本齐备了。1935年，美国纽约成立了电视台，向70千米的范围广播了电视节目。同年，希特勒掌权的德国柏林也播放了电视节目。

第二次世界大战后，电视系统中原先一些悬而未决的技术问题得到了解决。1953年，美国国家电视委员会研制了彩色电视。20世纪60年代以来，卫星转播站开始转播电视节目。70年代以来，电子计算机技术也被应用到电视节目的特效制作方面。今天，电视已成为地球上最普及的一种声像传播媒介。可以毫不夸张地说，电视的出现是20世纪人类文化生活中的一个重大的事件。

到底是"看"还是"听"

电视机的荧屏和喇叭早就互相气不过，今天，它们之间的矛盾升级了，终于爆发了！

就说今天吧，它们的小主人还没起床的时候，荧屏和喇叭就开始了它们的争论——这争论都持续好久啦！争论的焦点是什么呢？当然是谁比较重要。

荧屏说："你想想，我们的小主人哪次看电视的时候，不是眼巴巴地盯着我看，只有我才能给他呈现出五彩缤纷的动画片呢！"

喇叭不以为然，立即反驳道："我说老兄，你也好好回忆回忆，哪次声音一小，小主人不是立马举着遥控器，赶紧把我放大了，生怕错过动画片里有趣的对话呢！"

荧屏冷笑着说："从来都是'看'电视，没听说谁要'听'电视！你说是不是？"

这话可刺激到喇叭了，它说不出话了，气得"呼呼"喘气。不过，它也不是好惹的，它要报复！

太阳晒屁股了！小主人也终于起床了。小家伙一骨碌跳下床，急忙用遥控器打开电视——动画片开演啦！

"咦？怎么只有画面，没有声音？"盯着电视看，"动画片的主题曲都放呢？"小家伙以为没开声音，便把遥机上的信号接收孔，使劲地按了几下，了，怎么就是没声音呢？"

小家伙满脸疑惑地出来了，怎么听不到控器晃了晃，对准了电视"不对呀！这声音都调到50

这边小家伙急得够呛，连荧屏都着急了，便喊喇叭："喂，你倒是出声啊？你想让人看哑剧吗？"喇叭听了，得意扬扬的，却一声不吭。

小主人急坏了，眼看主题曲唱完了，就开演了。他大哭着叫爸爸。

爸爸过来，问清了缘由，便走到电视机跟前。他前后拍了拍，又拿遥控器试了试，还是不管用。小主人大哭着说道："爸爸，电视机坏了，扔掉它，我要买最新的。"爸爸听了急忙哄着自己的儿子说道："乖儿子，不要哭了好吗？爸爸今天就去给你买最新款的电视机。"

"呀！我们要被扔掉了！"荧屏立刻说道。喇叭也害怕了，它们害怕自己被扔到脏兮兮的垃圾堆里，那可太脏啦！

想到这，喇叭来不及闹别扭了，急忙大声地唱起来。"电视机又好了！"

这回，荧屏和喇叭再也不闹别扭了，因为它们谁也离不开谁。

照相机

照相机的主要作用是摄影，它是一种利用光学成像原理形成影像并以底片为记录媒体的设备。与照相机息息相关的技术是摄影术——当拍摄对象所发射出的光线通过照相机镜头和快门后，便在暗箱内的感光材料上形成了潜像，经过冲洗处理后，便形成了永久性的影像，这便是所谓的摄影术。

早期照相机

胶卷

达盖尔使用过的照相机

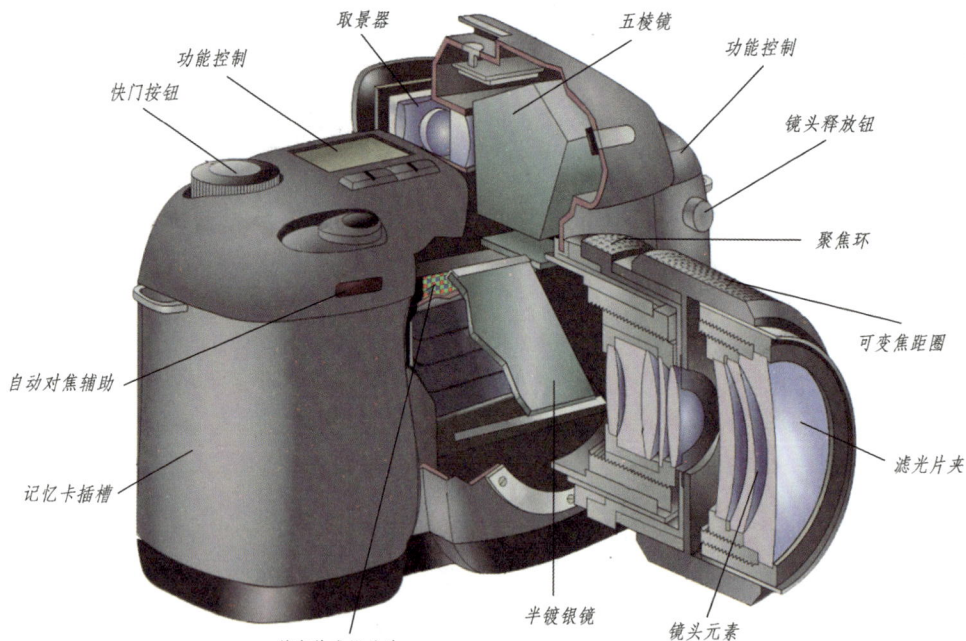

第一台实用照相机

1839 年，法国人达盖尔研制出了第一台实用照相机，它的构造十分简单：两个木箱组成的结构，一个木箱插入另一个木箱中进行调焦，以镜头盖为快门，曝光时间达到 30 分钟，拍出了一张清晰的图像。

取景器　五棱镜

功能控制　功能控制

快门按钮　镜头释放钮

聚焦环

可变焦距圈

自动对焦辅助

滤光片夹

记忆卡插槽

数字传感器芯片　半镀银镜　镜头元素

照相机组成示意图

照相机的组成

早期的照相机构造十分简单，仅由暗箱、镜头和感光材料几个部分组成。而现代照相机的构成则越发复杂，包括镜头、光圈、快门、测距、取景、测光、输片、计数、自拍、对焦、变焦等多个复杂系统。可以说，现代照相机是将光学、精密机械、电子和化学等技术合为一体的精细产品。

成像步骤

　　传统相机的工作过程可分为三步：首先，景物的影像通过镜头聚焦在胶片上并成像，而底片上的感光剂随之发生变化，随后，受光后发生变化的感光剂在显影液的作用下形成剪影和定影。此时形成的影像是与景物相反的，且色彩也为互补的关系。

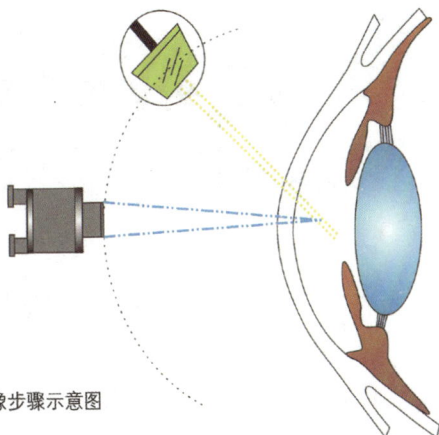

成像步骤示意图

现代照相机

数码相机

　　数码相机最早出现在美国，是科技发展的产物，它将光学、机械与电子技术合为一体，集成了影像信息的转换、存储和传输等部件，具有数字化的特点。它最初应用于航天领域，为地面传送天体照片，后来转向民用领域。

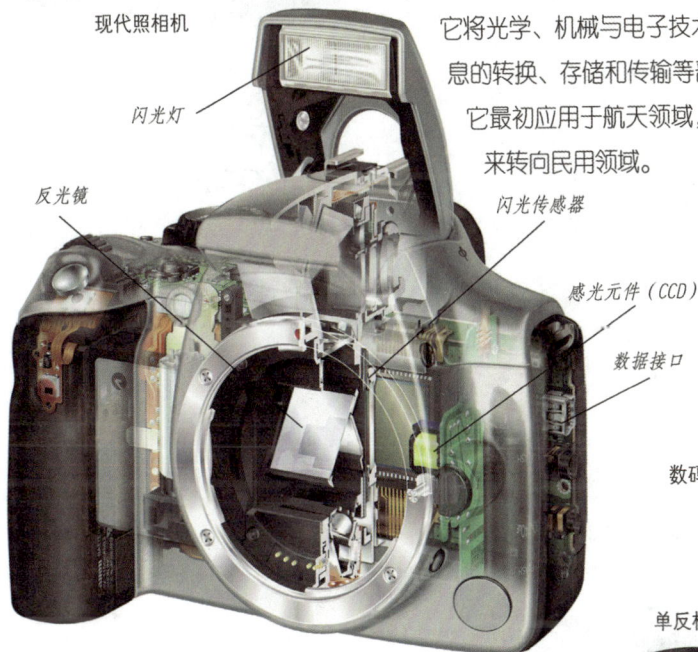

闪光灯

反光镜

闪光传感器

感光元件（CCD）

数据接口

数码相机

数码相机的结构原理图

单反相机

单反相机

　　单反相机是"单镜头反光式取景照相机"的简称。它采用单镜头形式，收集物体的光线并反射到反光镜上，以此实现取景的功能。它具有成像质量优、成像速度快、可根据实际情况调换镜头等多种优点，但也存在着笨重、噪声较大等多种不便之处。

如果照相机没有镜头会怎样？

照相机是用于摄影的光学器械。照相机最关键的部分应当是镜头，一部好的照相机最有价值的部分就是镜头了。如果照相机没有镜头，会怎样呢？

最早的照相机结构十分简单，仅包括暗箱、镜头和感光材料。现代照相机是一种结合光学、精密机械、电子和化学等技术的复杂产品，包括镜头、光圈、快门、测距、取景、测光、自拍等系统。而照相机最关键的部分就是它的镜头，没有镜头，照相机就不能够进行拍照，也就不能产生出我们所见到的照片了。

1830 年，法国光学家谢瓦利埃研制出了早期照相机使用的风景镜头。这是一种"消色差弯月形透镜"，它由两块透镜组成，一面是凸镜，另一面是凹镜的弯月形透镜。这组透镜装在一个圆筒内。谢瓦利埃的镜头不能拍摄人物，因为镜头的光通量极小，需要曝光很长的时间才能在底片上留下影像，没有人能在镜头前纹丝不动地待十分钟，所以这种镜头只能拍摄风景，故被称为"风景镜头"。能拍摄人物的"肖像镜头"是维也纳数学家培茨瓦尔发明的。1840 年，培茨瓦尔在光学仪器制造商福克特连德的支持下，研制出了这种"肖像镜头"，这种镜头的光通量是风景镜头的 16 倍，使曝光时间缩短到一分钟左右。尽管这种镜头的视角只有 20°，只能拍摄直径约 9 厘米的圆形照片，但在 1900 年前它一直是深受摄影家们欢迎的"标准镜头"。

1902 年，德国的鲁道夫利用赛得尔于 1855 年建立的三级像差理论，和 1881 年阿贝研究成功的高折射率低色散光学玻璃，制成了著名的"天塞"镜头，由于各种像差的降低，使得成像质量大为提高。1975 年以后，照相机的操作开始实现自动化。

自大的摄影师

美术系的学生正在老师的带领下在郊外写生。这里的景色真是美极了！

群山环绕，绿树葱茏，溪水潺潺，雾气升腾的时候整个世界都被水汽氤氲着——真是一幅绝佳的山水画！师生们陶醉在山水美景之中，自然灵感勃发，每个人都交出了满意的作品。

一个月之后，美术系举行了一次盛大的画展。由于风景优美，学生们的画功也不错，画展办得有声有色的，吸引了不少艺术爱好者慕名前来观看。这其中就有一名小有名气的摄影师。

他背着他最熟悉的照相机来到画展厅，只听"咔嚓""咔嚓"几声之后，那些佳作便被照相机收入"囊"中了。摄影师将自己满意的照片冲洗出来，不禁为自己的"艺术品"感到自豪。

他带着相片再次拜访画展的组织者——美术系的教授。他多么希望美术系的教授能夸一夸他的摄影技术。

美术系的教授看了照片，连连点头称赞，说这位摄影师是"了不起的摄影天才"。

得到了美术系教授的赞扬，摄影师便有些飘飘然了，说起大话来了。"看看我！'咔嚓'几下，就'画'出了精美的艺术品。照这个速度，一年得贡献出多少佳作？你们这些画画的，真是太慢了！全靠人力一笔一笔地画，简直就是白白浪费时间！"

教授听了这狂妄无知的话，便觉得好笑。他点了点头微笑着看着摄影师，把头转向另一边，然后又指着旁边一块蒙着布的巨大画板说道："你看那里。正好我有一个计划，我打算用一个月的时间，在这块画板上完成一幅油画。既然你这么有天分，'画'得又快，就请你带着你的照相机，发挥你的艺术表现力，来为我代劳一次吧！"

摄影师乐不可支，这可是表现的好机会啊！他急忙拿出自己的照相机，挂在脖子上，然后又一把拽掉了画板上的蒙布，准备"创作"了！

可当他打开照相机的镜头盖，又找好了角度时，才发现镜头内空空如也，只是一张白板而已！

他终于明白了老教授的用意——是在羞辱他不劳而获呢！摄影师识趣地收起了照相机，灰溜溜地逃离了画展厅。

计算机

计算机俗称电脑，它是一种能够按照程序运行，自动、高速处理海量数据的现代化智能电子设备；电脑功能广泛，具备数值计算和逻辑计算的能力，还可以存储各种类型的文件。电脑的基本构成设备分为硬件系统和软件系统。

电 脑

20 世纪的天才发明

计算机堪称 20 世纪最为杰出的天才发明，它的发明者是美国科学家约翰·冯·诺依曼。计算机的出现极大地加速了人类文明的进程。它是一种具有强大生命力的发明创造，而它的应用领域也从最初的军事领域扩展到社会生活的方方面面，已成为当今社会中必不可少的工具。

约翰·冯·诺依曼

仿生计算机

庞大的家族

按照用途的不同，计算机家族已经衍生出多种专业型计算机，如超级计算机、工业控制计算机、网络计算机、个人计算机、嵌入式计算机五类，较先进的计算机有生物计算机、光子计算机、量子计算机等。

世界上第一台计算机

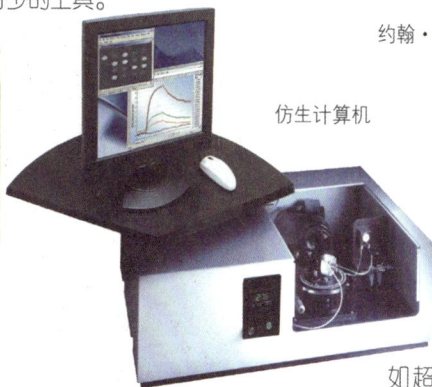

计算机的优势

计算机在生产生活中的优势是其他工具无法比拟的：首先，它具有超强的运算能力，并且计算精度极高；其次，计算机还可对各种多媒体信息展开逻辑运算，甚至可进行推理和证明的工作。此外，计算机具有自动控制能力，可根据人们设计好的运行步骤与程序，自动执行命令，并能达到预期的效果。

超级计算机

在计算机家族中功能最为强大的当数超级计算机，它由成百上千个处理器组成，因此，计算能力强，运算速度极快。超级计算机主要服务于科学、气象、军事、航天等领域，它是一个国家综合国力和发展水平的体现。超级计算机造价昂贵，且耗电量极高。

"海妖"超级计算机由美国田纳西大学国家计算科学研究院研制

云计算

云计算是计算机领域的一大巨变，被称为"革命性的计算模型"。进入新世纪以来，云计算的概念已经被越来越多的人所了解。有了云计算，普通用户也可以通过互联网享受到超级计算的便利，用户不必购买昂贵的设备，只需按自己的使用量和功能付一定的租赁费用即可。

云计算

计算机的明天

人类早已迈进了21世纪，而计算机的发展也进入了日新月异的时代。当今计算机属于第四代计算机，随着科技的发展，必将出现功能更为强大的新一代计算机操作系统。人们无法预测计算机会衍生出哪种新的功能和形式，但其趋势则是向着微型化、网络化、智能化和巨型化等几个方向发展。

笔记本电脑

如果电脑能像人一样思考会怎样？

奇思妙想

如果电脑能够像人脑一样思考，人类不就可以更加省事儿了吗？那个时候，人们只需要将指令输入电脑，电脑就会自己想办法完成。如此下去，人类做事情都会万无一失。可是，再往长远想一点，人脑长时间不思考就迟钝了，变得更为懒惰。而电脑却越来越聪明，而且具有了不凡的创造力，一代比一代聪明。渐渐地，人类的智商就被电脑比下去了。终于有一天，电脑提出不愿再受人类的控制，它们要做世界的主人，因为世界上所有的一切都是它们做的。到时候人类有什么办法呢？自己还能为世界创造什么呢？

事实上，电脑并不会思考。它们需要人类先输入执行的程序，然后它们按部就班地完成各项工作。但它们所缺少的，正是最为重要的创造力。人脑就是因为有着不懈的创造力和想象力，才使得这个世界有着日新月异的变化。但让电脑像人脑一样思考，一直以来是人工智能发展的最终目标。人工智能的目的就是让计算机这台机器能够像人一样思考，胜任一些通常需要人类智能才能完成的复杂工作。

2016 年 3 月，由谷歌公司开发的围棋人工智能程序——阿尔法围棋（AlphaGo）以 4:1 的战绩战胜围棋世界冠军、职业九段选手李世石。在世界职业围棋排名中，阿尔法围棋的等级分曾经超过排名人类第一的棋手柯洁。

这是否意味着电脑可以与人脑分庭抗礼，能像人一样思考？但以目前电脑的发展水平来看，还不可能。

电脑"生病"了

罗文家添置了一台新电脑。瞧那崭新的机箱和宽大的液晶屏幕，真是气派！电脑刚刚连接好，罗文就迫不及待地开机了——开机速度真快，十分流畅。罗文可得意了，还叫小伙伴一起来玩电脑游戏呢！

忽然有一天，新电脑居然闹起了脾气——开机好久才出现欢迎界面，运行速度就像被牛车拖着一样慢！更可怕的是，当罗文打开一篇文档的时候，屏幕上显示的不是他写好的作文，竟是一些奇怪的符号！罗文担心极了——这可是明天就要交的作业啊！他不知道这个新电脑是怎么了，只好按下了重启键，心里默默祈祷着电脑能恢复正常。

可这次，电脑开机时间更长了，甚至连文档都打不开了。罗文急得满头大汗，可他一点儿办法也没有。他急得这里拍拍显示器，又低头猫腰地敲了敲主机——电脑就是"纹丝不动"——一点反应也没有。

罗文忙活了半天，累得趴在电脑桌上睡着了。迷迷糊糊的时候，他做了一个奇怪的梦。电脑显示器居然开口对罗文说话了："喂，罗文，醒一醒，我是你的新电脑。我现在这个样感染了电脑病毒——那些奇怪的字符弄一点儿精神都没有，怎么能运行得快道："那我该怎么给你治'病'呢？""没要下载一份杀毒软件给我杀杀毒就好

子，一定是得我头昏眼花的，呢？"罗文担心地问关系，我的病很好治，只了。"

他急忙给爸爸打电话，对他来给电脑杀杀毒。

听到这里，罗文忽然醒了过来，说了电脑的"症状"，希望他晚上回

只见他拿出一个U盘，插在电脑上，又敲了几下键盘，便按下了"重启"　　按钮。

晚上，爸爸回到家，便坐到电脑跟前。

这一次，电脑开机速度快极了，罗文的作文文档也恢复了正常。他终于松了一口气，急忙对爸爸说"谢谢"。修好了电脑，爸爸告诉他说："电脑染了病毒并不可怕，用杀毒软件就能治好大部分的电脑'病症'！"

夜里，罗文又做了一个梦。梦里，电脑显示器对他说："谢谢你，你治好了我的病。以后可要小心对待我！可不能访问那些未知的和不安全的网站呀。"

激　光

　　激光是 20 世纪人类的又一重大发明，激光的亮度远超太阳的光亮，可达太阳光的 100 亿倍。激光在人类生产和生活中有着极其重要的作用，被誉为"最快的刀""最准的尺""最亮的光"以及"奇异的激光"。

激光穿透苹果

发展简史

　　最早发现激光原理的人是美国著名物理学家爱因斯坦，他在 1916 年便发现了激光现象。但直到 1960 年，美国科学家梅曼才宣布获得了一段波长为 0.6943 微米的激光束，并制造出世界上第一个激光发射设备。此后，人们对激光展开了多方面的研究并对其大加利用。

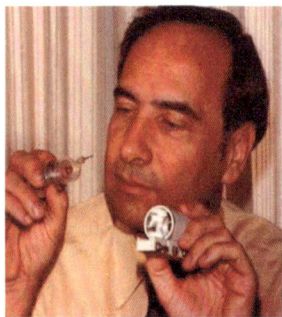

美国物理学家梅曼发明了世界上第一个激光器。激光和激光器的上问世，被称为 20 世纪最重大的科学发现之一

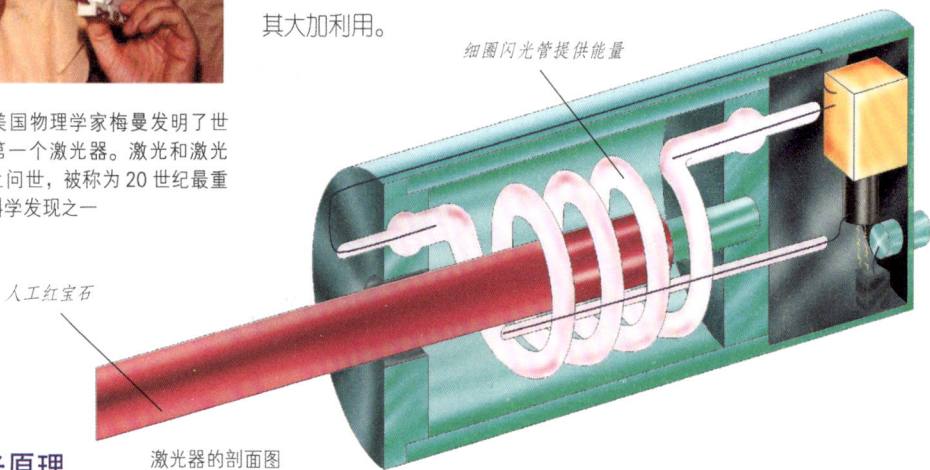

细圈闪光管提供能量

人工红宝石

激光器的剖面图

发光原理

　　1916 年，爱因斯坦提出了一套全新的技术理论——光与物质相互作用。其内容为，物质的组成部分——原子中的电子会以不均匀的方式分布在不同的

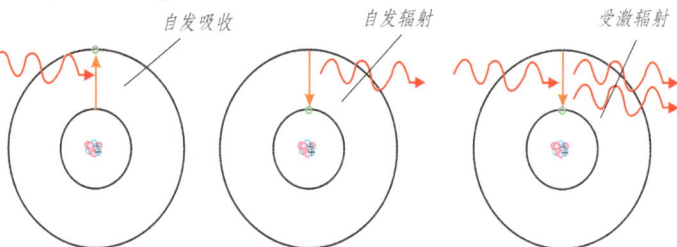

自发吸收　　自发辐射　　受激辐射

激光辐射示意图

能量级上，当处于高能级上的电子受到某种光子的刺激时，会发生从高能级跳跃到低能级的现象，这时候，电子便会被激发出与那种光子性质相同的光波，甚至还会出现弱光辐射出强光的现象，这便是所谓的"受激辐射的光放大"——也是激光的全称。

激光的特性

激光具有定向发光、亮度强、颜色纯、能量大的优点。与普通光源向四面八方辐射不同，激光具有天然的定向性；而定向发光又使激光具有极强的亮度——大量光子集中在一个极小的空间范围内射出，亮度与能量级自然无可比拟。另外，激光的波长分布范围十分狭窄，因此颜色极纯。

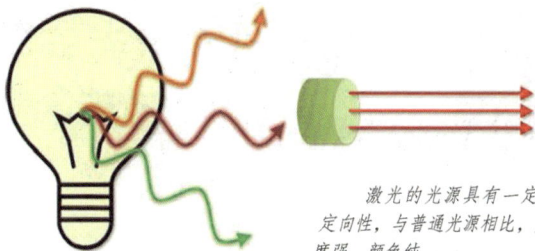

白炽灯的光源向四面八方发射，亮度弱

激光的光源具有一定的定向性，与普通光源相比，亮度强，颜色纯

激光的波长狭窄，颜色纯

激光的应用

从激光诞生至今，它的应用已经广及社会生活和科研领域的方方面面。如工业领域、医学领域，以及军事航天等多个部门对激光技术有着极强的依赖性。对于普通人来说，激光治疗技术早已屡见不鲜。而当今时代的各种先进的军事设备以及通信技术的更新都与激光有着密不可分的联系。

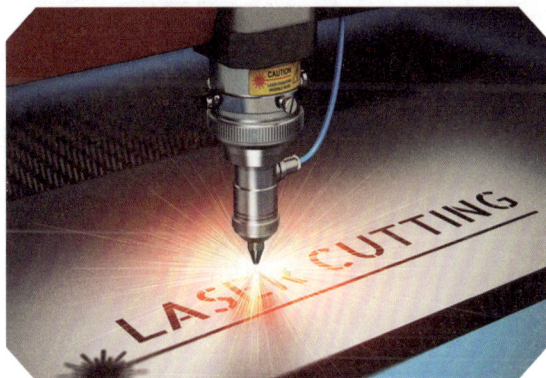

激光用于科技产品

激光的危害

激光对人类的益处多多，但也存在着致命的伤害，尤其是对眼睛的伤害。强度高的可见光会灼伤人的视网膜，且这种损伤是不可逆的损伤，重者会造成眼睛的永久失明。在日常的使用中，我们要注意观察激光器上标示的带有安全等级编号的激光警示标签。

激光对眼睛的伤害很大，强度高的激光会灼伤人眼睛的视网膜，造成失明

如果没有激光会怎样？

当今的生活中，很多地方都会用到激光。最常见的就是超市的收银处，激光被用来阅读物品包装上的特殊代码，这种刷价码的方式可以减少人力，提高正确度。如果没有激光，那当我们买好东西后，只能耐心地等待收银员一个一个地将物品的价格算出来了。而在通信方面，人们就只能一直使用原始的电缆，而不能使用光纤电缆，因此通信的质量和速度都会下降。在医院里，因为没有激光刀，医生就只有用手术刀来做一些精确度要求较高的手术，但会有很大的困难，对病人来说也非常不安全。

20世纪60年代初，第一批激光器先后获得成功运转，这也标志着一项崭新的科学技术——激光技术的诞生。它的原理早在1916年已被著名的物理学家爱因斯坦发现，但直到1958年激光才被首次成功制造。1917年爱因斯坦提出"受激辐射"的概念，奠定了激光的理论基础。1958年美国科学家肖洛和汤斯发现了一种奇怪的现象：当他们将闪光灯泡所发射的光照在一种稀土晶体上时，晶体的分子会发出鲜艳的、始终汇聚在一起的强光，由此他们提出了"激光原理"，即受激辐射可以得到一种单色性、亮度又很高的新型光源。1958年，贝尔实验室的汤斯和肖洛发表了关于激光器的经典论文，奠定了激光发展的基础。1960年，美国人梅曼发明了世界上第一台红宝石激光器。1965年，第一台可产生大功率激光的器件——二氧化碳激光器诞生。1967年，第一台X射线激光器研制成功。1997年，美国麻省理工学院的研究人员研制出第一台原子激光器。

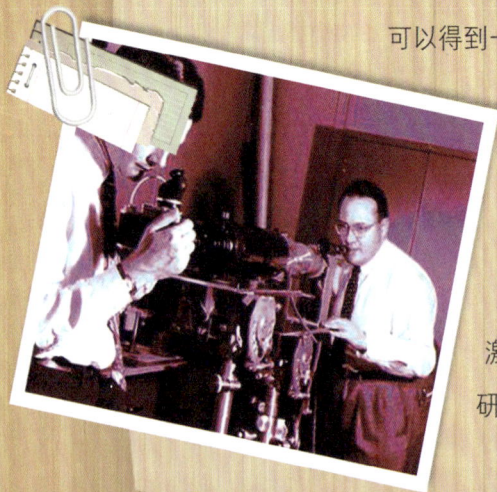

改邪归正的激光

激光家的几个兄弟自出生以来就没干过什么好事。每当有人提起它们，真是恨得咬牙切齿。

小的时候，激光家的几个兄弟就是调皮捣蛋的家伙。有时候，它们会趁人不注意，用强光晃人的眼睛，把人晃得眼睛生疼，眼球红红的，要流几天的眼泪才能好呢！

后来，它们又偷偷溜进了照相馆的暗房中，破坏人家的照片，弄得摄影师总要赔人家的钱。

像这样的事情，简直是太多了。大伙对它们讨厌至极，总想捉住它们，教训一番，可是它们跑得实在太快，根本捉不住。

因为一直没人管教，激光兄弟们便越发坏起来。后来，它们竟投靠了一个战争狂人。那个人用激光制造了威力强大的激光弹。

激光们化身激光弹之后，兴奋极了，个个争先恐后，想要大显身手一番。因为它们知道自己的名声不好，想要借此炫耀一下自己的本事呢！

可是，那战争狂人却将激光弹对准了手无寸铁的老百姓。眼看着几个哥哥都被发射出去了，最小的激光弟弟有些害怕了。因为爆炸的一刻，它的耳边总是传来震天动不绝的哭声。原来，它们炸死了好多小孩子。活着的人伤心透顶，但除了反抗。

看着远处的老百姓家破人亡，呼有些不忍了。它忽然明白，自己正是比战争狂人还要可恨，因为是它们亲手

于是，在它就要被塞入炮筒之前，它

每当激光弹地的响声以及连绵无辜的人，有些还是流泪哭泣，他们根本无力

天抢地地哀号，激光弟弟竟助纣为虐的帮凶。它们甚至要杀死了老百姓。

决心改邪归正。它偷偷地溜走了。

激光决心用自己的一点力量去弥补自己的兄弟给人类造成的伤害。于是，它到处找工作，希望帮助人类。最后，它来到了医院中，志愿为人们进行开刀手术，祛除病痛。

下班之后，它还跑去社区的超市充当条形码扫描仪，方便超市里的人识别货物，提高收款的速度。

渐渐地，大伙对激光的印象有所改变，他们觉得激光也能造福人类了。

塑 料

塑料属于合成树脂，人们从天然动植物分泌的脂质物得到启示，利用化学手段人工合成的高分子化合物，便是塑料。它是 20 世纪的伟大发明，改变了人类生活的方方面面。

塑料袋

塑料餐具

塑料的诞生

美籍比利时人列奥·亨德里克·贝克兰是人工合成的塑料专利所有人，他于 1907 年 7 月 14 日注册了酚醛塑料的专利。贝克兰具有敏锐的眼光，1904 年，他就发现天然的绝缘材料与突飞猛进的电力行业有莫大的关联，于是他萌生了研制绝缘材料的想法。3 年后，他便研制出了一种半透明的硬塑料——酚醛塑料。

列奥·亨德里克·贝克兰

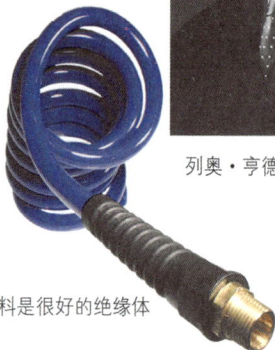

塑料是很好的绝缘体

构成成分

塑料属于化合物，其主要构成成分有合成树脂、填料、增塑剂、稳定剂、着色剂、抗氧剂、润滑剂、抗静电剂等多种添加物。其中合成树脂是构成塑料的最主要成分，含量高达 40% 以上，它能够决定塑料的性质。其他的填充物则各有作用，都是为提高塑料的实用性和稳定性而添加的物质。

塑料的主要成分是合成树脂

塑料具有透明性和耐磨损性，也容易变形

塑料的特性

塑料能成为生产和生活中重要的原材料，与它自身的特性是分不开的。一般来说，塑料具有轻巧不易被腐蚀的性质，且具有较好的透明性和耐磨损的特性；此外，塑料是天然的绝缘体，加工成本低廉是它的优势。但塑料也存在着容易变形、容易老化和易燃烧的劣势。

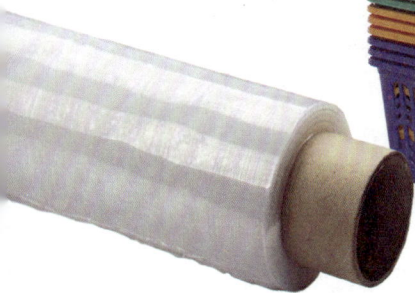

塑料薄膜

塑料篮子

通用塑料

从使用特性的角度划分，塑料可分为通用塑料、工程塑料和特种塑料三个类别。通用塑料最为常见，价格低廉，常见的有聚乙烯、聚丙烯、聚氯乙烯等等。由它们制成的塑料制品有薄膜和注射器、下水道管材以及塑钢门窗等。

白色污染

当今时代，塑料充斥于人类生产和生活的各个领域，早已成为不可或缺的原料，也因此引发了所谓的"白色污染"问题。因为塑料是一种难以降解的化学制品，所以，塑料垃圾难以回收，给人们带来了新的忧虑。

现在塑料对环境污染非常大

智能塑料

智能塑料具有神奇的可自动塑形的能力，它的成分是形状记忆聚氨酯，通电后，它能从一个很小的体积自动膨胀为与实物家具同样大小的体积。如果最终出现的椅子或是桌子不符合你的要求，你还可以通过软件将它"回炉重造"——重新塑形。

智能塑料制成的椅子

如果用塑料做电线会怎样？

奇思妙想

先拆开电线外层的塑料层就能发现，真正传输电能的是里面的金属线。如果只用外层的塑料做电线，它是不是还能像现在一样，让电流顺利地通过呢？我们来做个实验吧。在一个简单的电路中，用一截塑料线代替一段电线来连接回路，用一个小灯泡来显示电流是否通过。

一切准备工作就绪，接通开关来看看。小灯泡并没有亮起来，但是如果将塑料线换成普通的电线呢？小灯泡会在线路接通的瞬间亮起。

这里就要说导体和绝缘体的问题。金属之所以能够让电流通过，就是因为它是导体；而塑料是绝缘体，所以电流无法通过。导体内部都具有可以自由移动的电荷，在接通电源的时候，这些电荷会立刻排成整齐的队伍，向着同样的方向前进，这就是电流。在没有接通电源的时候，它们可是杂乱无章地四处运动着，相互冲撞着。而绝缘体中的电荷则都被紧紧地束缚在原子核的周围，一般的电场都无法使它们摆脱这种束缚，只有在超级强的电场作用下，它们才有可能自由活动。所以当接通电源的时候，绝缘体中并没有电荷可以"列队前进"，因此也就不具有导电性。

然而世界上还有一些物体，它们的导电性介于导体和绝缘体之间，被称作"半导体"。像是锗、硅、石墨，还有一些合金等，都具有半导体的性质。它们的导电性没有导体那么强大，但是在一些情况下，却可以允许电流通过。在一些电子元件方面，半导体就是以自己这种特殊的性质发挥着重要作用的。

塑料王国选"劳模"

塑料王国实在称得上一个超级庞大的国家，它们的子民分布在世界的每个角落，每个家庭里——大到航空航天，小到日常家用，人们对塑料的依赖可谓是无以复加的。

塑料王国的国王看到这种情况，感到骄傲极了，它决心效仿人类，举办一次塑料王国的"劳模"评选大会——评选方式为竞选投票。

最先走上演讲台的是电线绝缘塑料。它走路轻飘飘的，说话的声音也很微弱，以至于主持人不得不提醒它："再大点声！"

电线绝缘塑料清清嗓子，开始演讲了："大伙都知道，我们的工作的危险性多么高。电可是一种能引发火灾，又能伤人性命的危险品。要不是有我们绝缘塑料的保护，电根本就无法普及，人类也不能享受到电力的便捷——而我们呢，整天被烤得热烘烘的，时间长了，身子都软了。所以，为了表彰我们的辛勤，应该把'劳模'的称号赐予我们绝缘塑料家族。"

第二个走上演讲台的是刀柄塑料。它的嗓音清脆："我们刀柄塑料家族面临的危险性也不小，整天和刀剑打交道，我们宁可割伤自己，也要保护人类的皮肤。为了鼓励我们的工作，我建议'劳模'的荣誉归我们所有。"

接着上台的是管材塑料。管材塑料像一个老大哥那样步伐稳重，声音浑厚："我们管材塑料家族总是躲在背后默默地工作，凡是最脏、最热、最危险的地方都是我们的兄弟在冲锋陷阵。哪个城市的下水道没有我们兄弟的身影？城市的供暖也要靠我们传递热量，每天被热水烫一遍的滋味你们体验过吗？所以，我认为'劳模'非我们莫属。"

最后走上台的是游戏机外壳塑料。它总是一副嘻嘻哈哈的样子，走路也是蹦蹦跳跳的。它嬉笑着对大伙说："我们的工作主要是帮助人们缓解压力，得到放松和休息。无论是大朋友还是小朋友都特别喜欢我们。虽然我们的工作看起来轻松，但我们也是人类生活的一分子。所以，我也想代表我的家族竞选'劳模'。"

大伙的发言都结束了。可是评委们却不知道把象征着荣誉的一票投给谁了，因为它们觉得谁都很重要。

小朋友们，你们觉得谁应该当选塑料王国的"劳模"呢？

汽　车

汽车是一种现代化的交通工具，一般指四轮行驶的车辆，它的准确定义为"本身具有动力得以驱动，不须依轨道或电力架设，得以机动行驶之车辆"。汽车的发明者是德国人卡尔·本茨。

制动手把　驾驶座　装有卧置单缸二冲程汽油发动机

采用钢管车架　　　　　　　发动机置于后桥上方

车前轮较小

以汽油为动力　后轮驱动　　后车轮较大

卡尔·本茨发明的三轮汽车

汽车诞生

最早的汽车出现于 1769 年，它是一辆三轮汽车，靠蒸汽驱动。1885 年，德国工程师卡尔·本茨制成了第一辆三轮机动汽车。该车以汽油为燃料，具有花火点火、水冷循环、钢管车架、后轮驱动等设计，具备现代汽车的特点，因此，它被公认为世界上第一辆现代汽车。

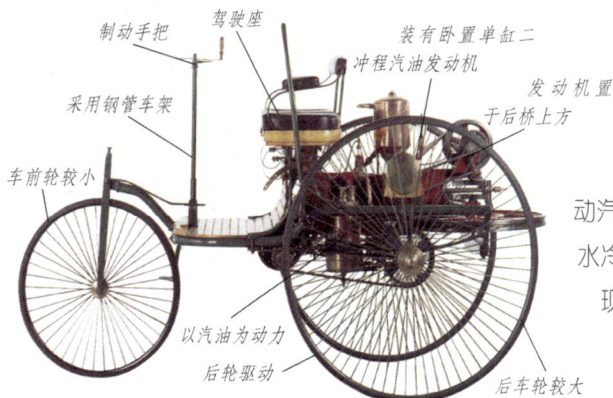

汽车的构成

现代汽车一般由发动机、底盘、车身以及电气设备等四个主要部分组成。发动机属于汽车的动力装置，有着复杂的结构体系；汽车底盘则是支撑和架构一辆汽车的框架；车身安装在底盘之上，使汽车形成了箱式结构。电气设备则对汽车上的发动机等设备起到至关重要的作用。

车灯　后视镜　驾驶座

发动机　独立式悬挂　方向盘　减震器　轮胎　车载播放器

仪表盘　变速杆

汽车结构示意图

汽车的分类

根据现行国标分类，汽车被分为乘用车和商用车两大类。乘用车是指 9 座以下的车辆，又有普通乘用车、活顶乘用车以及高级乘用车、多用途乘用车等多种区别；商用车则包含客车、货车以及半挂牵引车等三个大的类别。

公共汽车

车身演化史

当汽车的内部构造日益成熟后，设计师们开始注重汽车车身的造型设计。这是工业与艺术结合的典范。汽车车身的造型在发展的过程中出现过多次重要改革，典型的代表有马车型汽车到箱型汽车、甲壳虫型汽车、船型汽车、鱼型汽车以及楔形汽车。

马车型汽车

箱型汽车

船型汽车

甲壳虫型汽车

鱼型汽车

汽车车身演变示意图

楔形汽车

大众车标

奥迪车标

奔驰车标

宝马车标

别克车标

福特车标

个性车标

汽车的类型十分有限，但车标却极具活力。车标代表着它的生产厂商，主要分为平面车标和立体车标两种。平面车标中的品牌代表如大众、福特、奥迪、别克等；立体车标的代表品牌则有奔驰、劳斯莱斯、捷豹等品牌。

汽车污染

汽车的出现为人类提供了极大的便利，但它也为人类带来了困扰，其中之一便是燃油废气对环境的污染。此外，噪声、燃油箱汽油的蒸发、车内甲醛物质都是破坏环境，加剧温室效应甚至引发人类呼吸道疾病的重要因素。

如果汽车不需要燃料会怎样？

奇思妙想

实际上，汽车不使用汽油或柴油等燃料，也能够很好地工作。如今的新能源汽车种类繁多，有的依靠电能，有的依靠太阳能，还有的依靠气体等各种非传统燃料的能源作为动力来源。这些汽车在速度、使用上并不比传统的汽车逊色。像最为人们熟知的太阳能汽车，它已经没有发动机、底盘、驱动、变速箱等构件，而是由电池板、储电器和电机组成，车的行驶只要控制流入电机的电流就可以解决。全车主要有3个技术环节，一是将太阳光转化为电能；二是将电能储存起来，三是将电能最大程度地发挥到动力上。太阳能汽车上装有密密麻麻像蜂窝一样的装置，即太阳能电池板。太阳能电池依据所用半导体材料不同，通常分为硅电池、硫化镉电池、砷化镓电池等，其中最常用的是硅太阳能电池。硅太阳能电池有圆形的、半圆形的和长方形的几种。电池上有像纸一样薄的小硅片。在硅片的一面均匀地掺进一些硼，另一面掺入一些磷，并在硅片的两面装上电极，它就能将光能变成电能。通常，硅太阳能电池能把 10% ~ 15% 的太阳能转变成电能。它既使用方便，经久耐用，又很干净，不污染环境，是比较理想的一种电源。

此外，还有电动汽车。电动汽车本身携带有蓄电池作为车的动力。电动汽车与传统的汽车相比，具有许多优点，如在行驶中没有废气排出，不会产生污染，并且噪声很小，有利于节约能源和减少二氧化碳的排量。

小汽车的苦恼

工厂的烟囱，最近可没少被人抱怨，因为它的身上总是拖着一根又粗又黑的大尾巴。尾巴所到之处就给人们带来了无尽的麻烦——污染了蓝天白云，又污染了人们的呼吸道。大伙咳嗽得厉害，为了躲避它，只好戴上了口罩。

于是，一批批不受欢迎的烟囱倒下了，脏尾巴没有了，蓝天白云又回来了！小朋友们也可以出来玩了。大伙都夸工厂的烟囱呢！

小汽车听说了这件事，也暗暗地羡慕起来。因为它的情况比之前的大烟囱好不到哪去！它只要一开动起来，车身后面的长尾巴也跟着它到处跑——味道难闻，还污染空气。好多人为了保护环境，都自觉地减少了开车的次数呢！"这样下去，我还有什么用呢？早晚要被人类给淘汰了！"小汽车越想越着急，它可不想变成博物馆里只能供人欣赏的"老爷车"呢！

小汽车多想像烟囱那样，斩断自己的脏尾巴啊！苦恼的小汽车于是向科学家求助。

见到了科学家，小汽车连连吐苦水，央求科学家一定要帮它的忙。

科学家佩服小汽车的勇气，急忙为它检查身体，对它说："你的问题在于燃油，你现在靠烧汽油提供动力，汽油燃烧自然会产生有害的尾气。所以，要想剪掉尾巴，你就得做个大手术！你真的不怕疼吗？"

"这么说，你有办法了？我才不怕疼呢！"小汽车急忙表态。

"我要换掉你的动力系统，改用蓄电池提供动力，只要充好电，你就可以上路了，而且不会排放有毒的尾气。那样，你就没有脏尾巴啦！"

"好，我现在就可以做手术！"小汽车迫不及待了。

说干就干，一场大手术开始了。经过一天的努力，小汽车总算被改造好了。可它的外表并没有什么变化啊？

不过，当它开出去的时候，就不一样了，难闻的"脏尾巴"没了！大伙见了，齐声夸赞，都要把自己的小汽车送来改造一下呢！

飞 机

飞机与电视和电脑一样同属于 20 世纪对人类影响最大的三大发明之一，是 20 世纪最重大的科学技术成就之一。在飞机的发展史上，美国的莱特兄弟做出了举世瞩目的重要贡献。

波音 747 货机载奋进号航天飞机返回佛罗里达

莱特兄弟的"飞行者 1 号"

飞上蓝天

1903 年，美国的莱特兄弟研制成功了一架依靠自身动力进行载人飞行的飞机——"飞行者 1 号"，并成功试飞。这实现了人类千百年的梦想，促进了人类出行方式的进步，并打开了人类征服蓝天的大门。

莱特兄弟

基本特征

对于一架飞机来说，起码要具备两个特征：首先，它自身的密度要大于空气的密度，并且它得在动力的驱动下前进；其次，飞机得有固定的机翼，且机翼能够提供升力使飞机上升到一定的高度。这两个特征加在一起才是判断一架飞行器是否为飞机的必备要件。

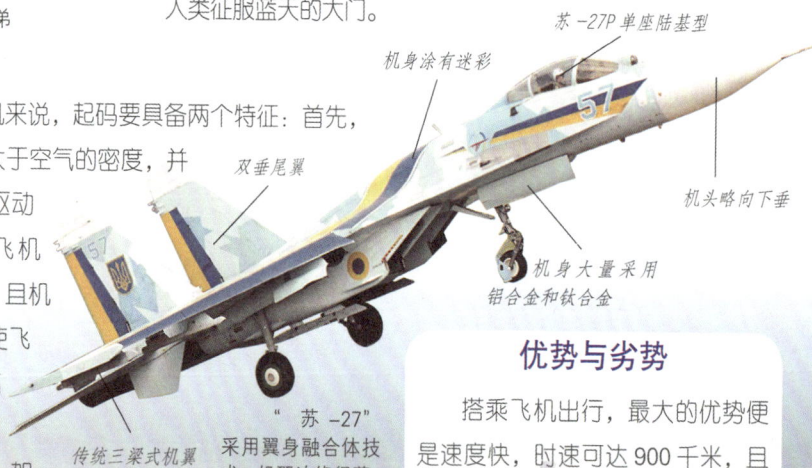

苏 -27P 单座陆基型

机身涂有迷彩

双垂尾翼

机头略向下垂

机身大量采用铝合金和钛合金

传统三翼式机翼

"苏 -27"采用翼身融合体技术，机翼边缘很薄，外表美观、大方

优势与劣势

搭乘飞机出行，最大的优势便是速度快，时速可达 900 千米，且不受地形的阻挡；另外，从安全舒适的角度来说，飞机是要远优于火车的。但飞机也存在着固有的弊端：如，价格高，还要受到天气条件和起降场地的限制，最重要的是，一旦出现事故，死亡率极高。

飞机的构成

机翼、机身、尾翼、起落装置和动力装置是组成一架飞机最基础的五个部分。机翼为飞机提供升力，且能保持机身的稳定；机身起到装载人员、武器、货物和各种设备的作用；尾翼主要用来操纵飞机的角度变换；起落装置用来支撑飞机并帮助它起落和停放；动力装置为飞机的前进提供拉力或推力。

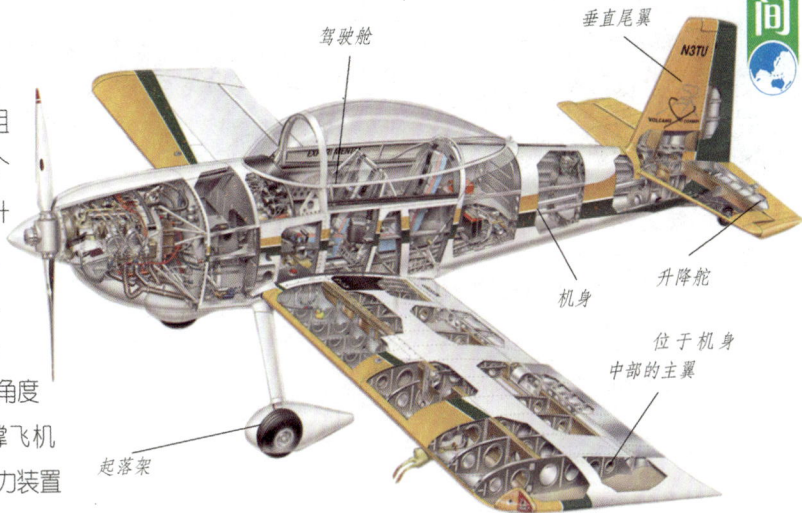

驾驶舱
垂直尾翼
N3TU
机身
升降舵
位于机身中部的主翼
起落架

飞机结构示意图

飞机的分类

飞机的两个重要的类别便是民用飞机和军用飞机。民用飞机中包含客机、运输机、农业机、森林防护机、气象机以及特技表演机等小类；军用飞机则包括战斗机、轰炸机、侦察机、攻击机以及运输机和教练机等多个种类。

客机

运输机

机身很平坦，武器都装在机身里面

灰色的隐身涂料

进气道

猛禽F-22战斗机

黑匣子

黑匣子的正式名称为"飞行信息记录系统"，这个系统由两套仪器设备组成：驾驶舱话音记录器（相当于一个磁带录音机，记录飞机上特定时间内的全部声音）；飞行数据记录器（将飞机上的各种数据即时地记录在磁带上）。不过"黑匣子"只是一个俗名，它真正的颜色是醒目的橙色。

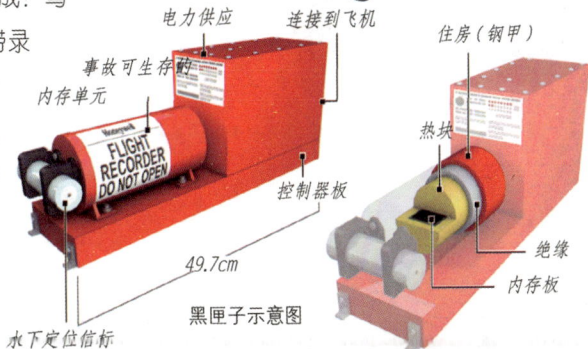

电力供应
连接到飞机
住房（钢甲）
事故可生存的内存单元
FLIGHT RECORDER DO NOT OPEN
热块
控制器板
绝缘
内存板
49.7cm
黑匣子示意图
水下定位信标

如果飞机像鸟儿一样拍打翅膀会怎样?

飞机好像是一只放大版的鸟,它甚至可以像鸟一样在空中滑翔,但却不能像鸟一样拍打翅膀。如果飞机也像鸟一样拍打翅膀会怎么样呢?估计用不了多长时间,飞机就会因机翼折断而坠毁。因为飞机的飞行方式和鸟类有着本质的不同。

飞机在飞行时需要消耗自身动力来获得升力,而升力的来源是飞行中空气对机翼的作用。机翼的上表面是弯曲的,下表面是平坦的,因此在机翼与空气相对运动时,流过上表面的空气在同一时间内走过的路程比流过下表面的空气走过的路程远,所以上表面的空气的相对速度比下表面的快。根据伯努利的"流体对周围的物质产生的压力与流体的相对速度成反比"的定律,则上表面的空气施加给机翼的压力小于下表面的。机翼上下表面的合力必然向上,从而产生了升力。这样我们就可以知道,老式飞机和直升飞机的螺旋桨就好像一个竖放的机翼,凸起面向前,平滑面向后。旋转时压力的合力向前,推动螺旋桨向前,从而带动飞机向前。现代高速飞机多数使用喷气式发动机,原理是将空气吸入,与燃油混合,点火,爆炸膨胀后的空气向后喷出,其反作用力则推动飞机向前。而鸟类的羽毛轻而暖,其外形呈流线型,可以减少空气的阻力;更重要的是鸟类的骨骼是空心的并充满空气,坚韧而轻巧;另外鸟类的消化、排泄、生殖等身体器官,都能够减轻体重,增强飞翔能力,使它们挣脱地球吸引力而展翅高飞。所以,我们人类发明的飞机不需要像鸟类那样扇动翅膀就可以飞得更快、更高、更远。

铁证如山

　　M国的飞机失事了！——机毁人亡！消息传来，整个M国都陷入了悲痛之中，电视里不断地播发着关于失踪人员的消息。电视台请来了各路专家，给民众分析飞机失事的可能原因。

　　不过，这在M国安全局局长看来，不过是一个笑话而已——因为根据他所掌握的情报来看——这是一起恐怖组织策划的劫机事件。他甚至早已布置好人力潜伏在极端组织的老巢周围了。但他没有得到最关键的证据——记录飞行过程的"黑匣子"。要是有了这个关键证据，他就可以下令一举捣毁那个气焰嚣张的恐怖组织了。

　　然而，更令他感到忧心的是，恐怖组织也在寻找那个"黑匣子"——毕竟他们也不想公开和国家安全机构作对。

　　一场正义与邪恶的隐秘战争开始了，而获胜的关键便是速度——看谁先找到黑匣子。

　　安全局局长一边收集各路情报，一边协同公安、消防等多个部门。根据飞行专家和航空公司专家给出的飞机失事范围以及黑匣子有可能坠落的地点，M国派出了各种公务飞机、大量的无人侦察机。

直升机以及

　　而恐怖组织那边则以人力搜寻为主，他们挟持了不少熟悉山区地形的当地老百姓为他们寻找黑匣子。这其中恰好有一个目击者。他的家人都被恐怖分子挟持，他只有拿到黑匣子才能救回自己的家人。

　　为了加快搜寻进度，恐怖分子命令百姓不许连夜寻找。快天亮时，那个目击者真的找到了那个"橙色的宝贝"。恐怖组织的头目如获至宝，嚣张极了，甚至给安全局局长发了一封秘密邮件，嘲笑正规部队无能。

　　不过，安全局局长并没有回信，因为就在同一时刻，他也接到了一份可以下令摧毁恐怖组织基地的密报。

　　安全局局长当即下令，对恐怖组织基地进行轰炸。一时间，天上的飞机以及埋伏在远处的大炮，纷纷向恐怖组织基地发射炮弹。恐怖组织被摧毁了，连组织的头目也被捕获了。

　　恐怖组织的头目嚣张极了，他竟然挑衅地说："抓了我又怎样？黑匣子早已被我毁掉了！你根本没有证据！想治我罪，没门！"

　　安全局局长淡定地打开电脑，播放了一段视频资料，又带来了一个证人——居然是恐怖组织头目的秘书。原来他是安全局的卧底！这下，铁证如山，恐怖组织的头目沮丧地低下了头。

机器人

机器人指的是那种能够自动控制的机器，它包含了所有模拟人类行为或思想与模拟其他生物的机械，如机器狗、机器猫等。在目前的工业领域中，机器人指能自动执行任务的人造机器装置，用以取代或协助人类工作。

医用机器人

阿西莫夫

发展简史

1910 年，捷克斯洛伐克作家最先提出了关于机器人的幻想和词汇。一年后，美国的纽约世博会上便出现了最早的家用机器人——Elektro。1912 年，美国科幻巨匠阿西莫夫提出了经典的"机器人三定律"，成为学术界恪守的机器人研发原则；随后，人们对机器人的认识和研究不断深入，新型的机器人也不断诞生。

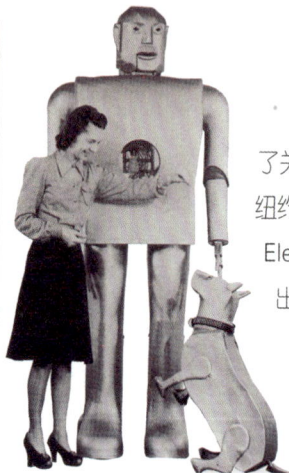

最早的家用机器人

机器人三定律

为了预防机器人过度发展而导致伤害人类的事件发生，科幻作家阿西莫夫于 1940 年制定了所谓的"机器人三原则"，即：（1）机器人不可以伤害人类；（2）机器人应遵循人类的命令，但与第一条相违背的命令除外；（3）机器人应能保护自己，与第一条相抵触的除外。

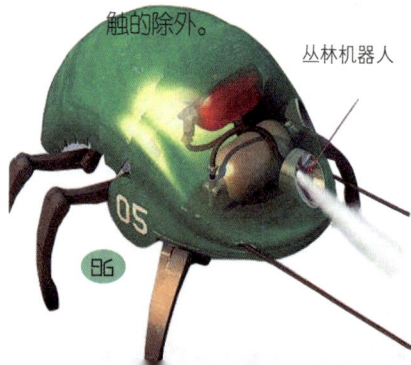

丛林机器人

"龙虾"水下机器人

控制系统

机器人的构成

一般来说，一个完整的机器人由执行机构、驱动装置、检测装置和控制系统以及复杂机械等诸多部分构成。执行机构便是机器人本体——由基座、腰部、臀部、手臂等部分组成；驱动装置则是促使机器人发出动作的机构。检测装置负责监控机器人的运行状态。

手臂

腰部

臀部

机器人结构图

机器人的分类

从不同的角度出发，便会出现不同的分类。如从应用环境的角度划分，机器人可分为工业机器人和特种机器人；工业机器人就是应用于工业领域的机器人的总称；而特种机器人则包括服务机器人、水下机器人、娱乐机器人、军用机器人和农业机器人等多个种类。

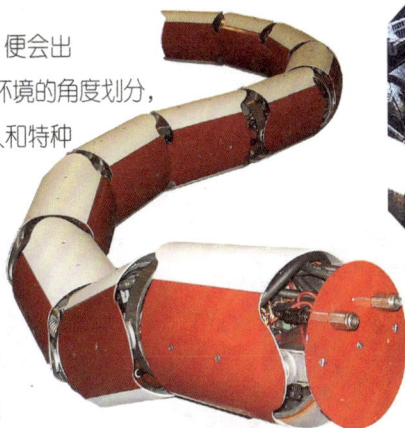

消防机器人

世界上第一台工业机器人"尤尼梅特"正在工作

性能评价

机器人的评价主要从其能力的角度出发，如智能，包括感觉和感知的能力，如记忆、计算和逻辑推理等多方面的能力；机能，指变通性和空间占有性等方面；物理能，指机器人的力量、速度、可靠性和寿命等几个方面。

美军反狙击机器人

武装机器人

纳米机器人正在进行细胞手术

发展特点

目前机器人的发展特点为，应用领域越来越广，如医疗手术、农业采摘、修剪枝叶、巷道挖掘、侦察排雷等诸多方面。另外，机器人的种类逐渐增多，特别是微型机器人，已经是未来发展的新趋势，体型更微小，智能化更强。

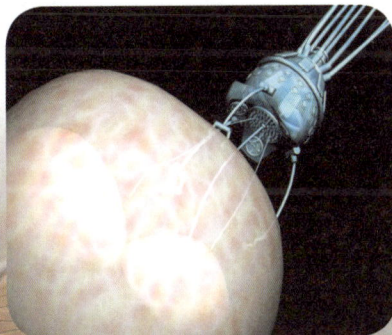

昆虫机器人在军事上可以充当隐形侦察机。它可以近距离窥探敌情，甚至可以像一只"苍蝇"落到敌人的头发上而不被觉察

机器人士兵

机器人士兵是未来战场的一大趋势，可用于应付核战争的威胁。很多国家都在进行机器人部队的组建计划。一些军队的机器人已经投入到侦察和监视任务中，它们能够替代人类士兵执行站岗放哨和排雷的工作，且投入的成本远比人类士兵低得多。

机器人士兵

"大狗"并不靠轮子行进，而是通过其身下的四条"铁腿"

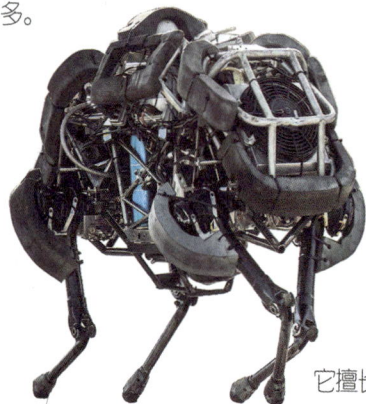

大狗机器人

大狗机器人是一种机器狗，外形像狗，它擅长爬山涉水、善于奔跑，同时可以承载货物；大狗机器人的内部安装有一台计算机，控制着大狗的"步伐"；大狗机器人的四条腿模仿动物的四肢设计，行进速度可达 7 千米 / 时。

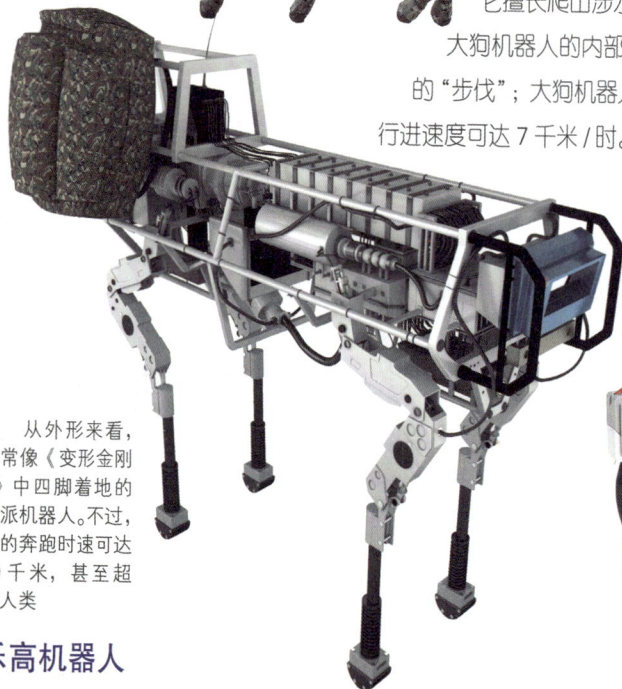

从外形来看，非常像《变形金刚 2》中四脚着地的狂派机器人。不过，它的奔跑时速可达 29 千米，甚至超过人类

乐高机器人

RCX 是一块积木，但它具有编程的能力，被称为"课堂机器人"。它是由乐高积木、马达、传感器等组件构成的机器人系统的中枢。这个中枢系统就像大脑一样，对机器人进行控制和指挥。

乐高机器人

聪明的阿西莫

阿西莫是日本本田公司于 2000 年研制成功的。它代表了人类机器人制造技术的最高水平。它身上安装有多种关节，行动自如。它能够做出多种动作，如走动、跳舞甚至是爬楼梯。几年前，阿西莫有了升级版，它具备人工智能，已经发展出了识别和记忆的功能。

阿西莫机器人

美少女机器人

"HRP-4"是日本推出的一款新型机器人，它身高 1.58 米，具有美少女一般的体形和身材，肤色与人类接近，若不细看的话，这款机器人几乎可以以假乱真。"HRP-4"有着动听的歌喉；歌唱时，还能模仿人类歌手的神情和动作。

HRP-4 会说话，会行走，
表情非常丰富

爬行机器人

爬行机器人能够在地面、斜坡以及危险的高层建筑上展开作业。仿壁虎机器人便是其中的代表者。它们利用仿生学原理，模仿壁虎的样子，脚上布满了刚毛，以便使机器人能够牢牢地附着在墙壁上，奔跑自如。

美国斯坦福大学科学家研制的壁虎机器人

如果机器人和人类一样会怎样？

奇思妙想

在科幻电影《E.T》和《人工智能》中，我们见到过和人类一样的机器人。它们在人群中真的可以以假乱真，除非它主动露出自己身体里复杂的电路，要不我们真的看不出它们和普通人有什么不一样。它们甚至拥有自己的思想、感情等主观情绪，并不完全依附于人类的控制。

如果这一切在现实中也存在的话，那么是否有一天，机器人就会向人类发起攻击了呢？人类利用发达的科技，将越来越多的功能赋予机器人。倘若机器人真的与人类动起武来，人类或许还真的不是机器人的对手呢！

但目前的机器人，还完全不能脱离开人类的控制。它们还只是代替人类从事某些活动的机械，它们能够模仿人类的动作，应用在不同的领域中。而且，现代的机器人并不具备和人类一样的外形，它们有些可能只是一个手臂或者一个脚爪，也有仿人的机器人不断出现，但还不足以达到以假乱真的地步。

但在一些危险性大、操作困难的工作面前，机器人可以说是人类的得力助手。它们不会抱怨工作多难多累，也不会为了工作时间而斤斤计较，只要计算机的指令一发出，它就会很听话地完成各项工作。它们不会感到疲惫厌倦，更不会出现罢工的现象。所以现代工业中，有很多作业都是依靠机器人去完成的。即使现在有些机器人不仅在外形上和人类很相似，甚至出现了能够表达情绪的机器人，高兴、伤心、生气、惊讶等等；还有一些能够做出丰富的表情呢！可机器人终归是机器，它是人类高科技的杰作，永远也不会具备人类的丰富复杂的情感。

机器人交朋友

自从与人类签订了《永久和平协议》后，机器人家族变成了与人类享有平等生存权的地球公民。尼莫便是一个机器人家族的小成员。不过，与其他那些狭隘的家族成员相比，它并不仇视人类，甚至觉得人类挺可爱、挺善良的——特别是那些天真无邪的小朋友。

"要是我能和人类的小朋友成为好朋友，那该有多好啊！"尼莫总是暗自感叹着。

昨晚，它独自在公园散步的时候，遇到了几个人类的小孩正在玩捉迷藏。他们玩得可高兴了呢！可是当它靠近时，那些小朋友却不玩了，他们好奇地看着它，不知道它要干什么。

过了一会儿，一个个子大一些的小朋友忽然说道："我们快点回家吧！妈妈不让我和机器人玩，说它们不是人类，可能会伤害我们！"听了这些，所有的小孩子都害怕了，他们都回头向着家的方向快步跑去——只有一个小朋友留了下来，怔怔地看着尼莫。

尼莫见了，高兴极了，它立即加快速度，快步走上前去，它对小朋友说："我想和你们交朋友，我们可以一起玩吗？"

"可以，但是哥哥们都回家了，我也得回家，明天我们还会在这玩的，你能来吗？"小朋友天真地邀请它，一点都不害怕。

"没问题，不见不散！"尼莫兴奋极了，立即答应下来。

可是到了第二天，尼莫出现的时候，小孩子们又被吓了一跳。幸亏有那个小孩子帮它说话："它要和我们做朋友，我们和它拥抱一下，做做朋友好吗？"小孩子建议道。

那些小朋友既担心又好奇，便轮流与尼莫拥抱了一下。尼莫别提多兴奋了，立即将自己的体温调高了一些，好让小伙伴们感受到它的"温情"。不过小伙伴们都觉得它还是跟人类不太一样。但没关系，这并不妨碍他们一起捉迷藏。

忽然，一个被蒙了眼的小朋友就要走到路边了——再往前走可就是深水湖了。其余的几个孩子都吓傻了，不知道怎么办。只有尼莫反应迅速，它立即调动自己的轮子，快速滑到马路边上，伸出了胳膊挡住了小朋友。小朋友摘下了蒙布，才发现自己的危险。他吓得哇哇大哭，一头钻进了尼莫的怀中。

机器人勇救人类小孩的消息传出去之后，人类对机器人的态度改变了，他们更加善待机器人。而机器人呢？也用善良回报人类——人类和机器人之间的隔阂渐渐地消失了。

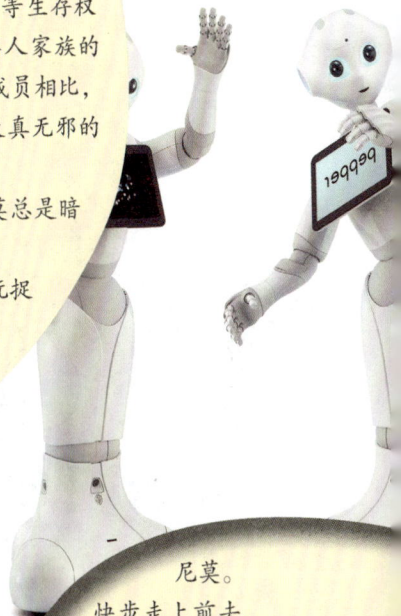

潜　艇

　　潜艇是一种在水下运行的舰艇。潜艇有很多种类，连形制也多种多样，如大型军用潜艇、中小型潜水器以及水下自动机械装置等。大多数潜艇的外表呈圆柱形，能够下潜到很深的海底进行各种作业。

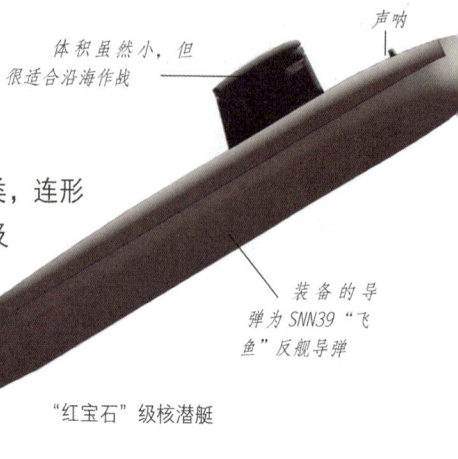

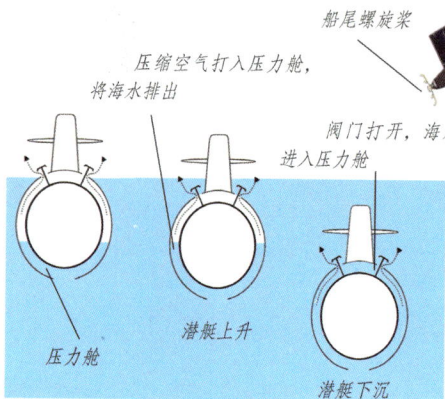

声呐

体积虽然小，但很适合沿海作战

装备的导弹为 SNN39 "飞鱼" 反舰导弹

船尾螺旋桨

"红宝石"级核潜艇

压缩空气打入压力舱，将海水排出

阀门打开，海水进入压力舱

压力舱

潜艇上升

潜艇下沉

潜艇原理示意图

潜艇的原理

　　潜艇能够上浮或是下沉最基本的原理便是改变潜艇的自身重量。潜艇中有很多蓄水舱，下潜时，船员向水舱中注水，增加潜艇的重量，直到超过它的排水量便可实现下潜；若要上浮，就把潜艇中的水排出去，减轻潜艇的重量，并小于它的排水量，便可实现上浮。

潜艇的主要功用

　　潜艇的作用包括攻击敌方军舰或潜艇、实施近岸保护、突破敌方封锁、执行侦察和掩饰特种部队的行动。在非军事领域，潜艇也有着重要的功用，如海洋科学研究、海洋资源的勘探开采、科学侦测、设备维护、海底电缆抢修、学术调查等等。

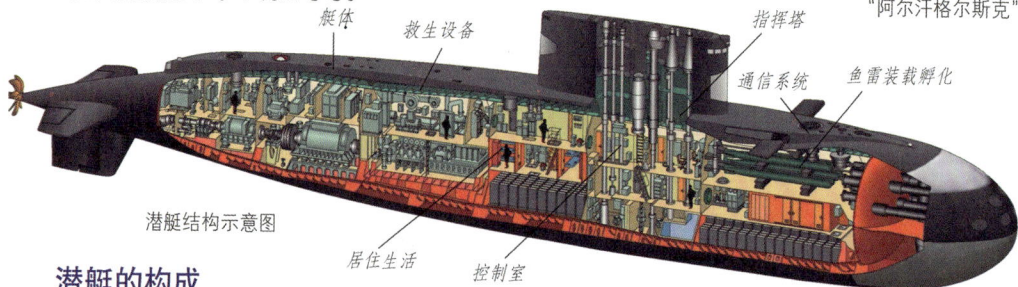

流线型指挥塔

指挥塔前部的导弹发射管

台风级共有 19 个舱室

"阿尔汗格尔斯克"号

艇体

救生设备

指挥塔

通信系统

鱼雷装载孵化

潜艇结构示意图

居住生活

控制室

潜艇的构成

　　潜艇内部构造复杂，主要由艇体、操纵系统、动力装置、武器系统、导航系统、探测系统、通信设备、水声对抗设备、救生设备和居住生活设施等多个部分构成。

潜艇的特点

　　潜艇的特点在于以下几个方面：第一，它能够在水层的掩护下进行执行隐蔽或是突然袭击的任务；第二，潜艇续航力强、作战半径大，可执行远距离、长时间的作战任务；第三，潜艇可在水下发射导弹和鱼雷，攻击敌方的海上和陆上目标。

尾舵

艇壳扁平

指挥塔

单壳体采用了既抗震又抗海水压力的HY—100高强度钢

"海狼"级核潜艇

"海狼"级核动力攻击潜艇

核潜艇

指挥塔

水平舵

尾舵

潜艇的弊端

　　潜艇虽能潜入水下，但其自卫能力差，对空观测手段和对空防御武器较差；水下通信难度大，不利于及时、远距离地通信；观测范围有限，受环境限制较大，不易掌握敌方的情况；另外，常规动力潜艇水下航速不高，若要提高速度，续航能力便会受到影响。

潜艇的分类

　　从作战使命的角度划分，可将潜艇分为攻击潜艇和战略导弹潜艇两类；从动力角度划分，可将潜艇分为常规动力潜艇及核潜艇；从排水量的角度划分，可将潜艇分为大型潜艇、中型潜艇、小型潜艇和袖珍潜艇。

"洛杉矶"级在舯部装有4具533毫米的鱼雷发射管，可发射各型导弹和鱼雷

奇思妙想

没有浮力，那么就不会产生"船"这种交通工具。任何物体到了水中，都会被水淹没。如果我们需要渡河的话，似乎也只能采取搭桥的办法了。这些都是可以解决的问题，真正面临困境的是生活在水中的那些生物。因为没有浮力，所以它们都只能生活在水的最底层，永远都到达不了水面。

不光是水，任何一种流体都存在浮力。就连空气也有浮力。我们看到气球能够越飞越高，就是因为它充入的氢气要比空气轻，于是在空气浮力的作用下就会向上飞去。物体不管是处在流体的表面，或者是被流体淹没，都会受到浮力的作用。所受到浮力的大小等于被物体排开的流体的重力。可是在水中，为什么有些物体会浮在上面，而有些就会下沉呢？这是因为有些物体的重力和同体积的水的重力相比要大，它们就会沉入水底；有一些物体的重力小于同体积水的重力，它们就会浮在水面上。

那么，问题又出现了——同样都是铁质的，为什么小小的铁块会沉入水底，而万吨巨轮却能自由地航行呢？仔细想想看两者有什么不同。嗯，对了，铁块虽然小，但它是实心的；轮船虽然体积庞大、重量也大，可它是空心的。这样一来，被轮船排开的水的体积也很大，轮船所受的浮力就大于它自己的重力。而铁块所受的浮力却远远不及自身的重力，所以只能沉入水底了。

小潜艇本领大

海底来了一个"不速之客"——一艘核潜艇。

所有的鱼包括见多识广的大鲨鱼也感到好奇，它们不知道这个"黑黝黝的新来的家伙"是不是自己的同类。大伙就围着潜艇打转儿。可那潜艇也不说话，只是自顾自地下潜着。

大伙为了一探究竟，便陪着它下沉，这期间还有胆大的鲨鱼用尾巴蹭了一下那艘潜艇呢！不过潜艇也没啥反应。大伙以为它是个哑巴，不会说话，都乐了。

鲨鱼是个急脾气，它按捺不住了，便主动上前说话："我说新来的，你是个什么东西？"

潜艇看看它，慢悠悠地说道："我知道你是鲨鱼，但我不是鱼，我的名字叫核潜艇。"

"核潜艇？没听说过！你来海底干什么？你还上去吗？……"鲨鱼发出了一连串的疑问。

"我来这是为了执行任务的。我当然上去了。我想上去就能上去！"潜艇说完，就不再说话了。

"看你这笨笨的样子，肯定不是游泳的好手。怕是被人类扔下来的不要的废物吧？"鲨鱼一副见多识广的样子，嘲笑道。大伙听了也跟着起哄："肯定是人类的垃圾，被扔下来了。"

潜艇不说话了，连眼睛都闭上了。大伙感到很无趣。可鲨鱼还想逞威风，便对潜艇喊道："你要不是废物，就跟我比比游泳的本事！"

说到游泳，鲨鱼可是很自豪的，自诩游泳高手。潜艇只好答应它说："好啊，我们就比试一次，要是我赢了，你就别来烦我好吗？我有要务在身呢！"

鲨鱼兴奋极了，不等说开始，立即收紧了自己的肌肉，急速地向上用力，一下子就冲了上去。小潜艇呢，不慌不忙，打开了自己的排水舱，"哗！哗！哗！"几声过后，潜艇变得像羽毛一样轻，一下子就浮到海面了——那鲨鱼还在不停地用力呢！

到了海面，潜艇又迅速地将海水吸进蓄水舱——它又变得像巨石一样了，只是一眨眼的工夫，潜艇就回到了海底。围观的鱼都惊呆了，它们从没见过比鲨鱼速度还快的家伙，纷纷发出"啧啧"的惊叹。

过了一会儿，鲨鱼也满脸傲气地回来了。可那潜艇正闭目养神呢！鲨鱼一下子就泄气了，它不断地点头，表示自己输得心服口服。这下，它终于承认潜艇有真本事，不是废物。

为了不打扰潜艇的工作，它还告诉其他鱼赶紧离开，别打扰潜艇工作。

人造卫星

人造卫星

人造卫星是一种人工制造的无人航天器，它按照天体力学规律运行于地球之外的空间轨道上。人造卫星是发射数量最多、用途最广、发展最快的人造航天器。人造卫星的基本用途为观测或是通信。

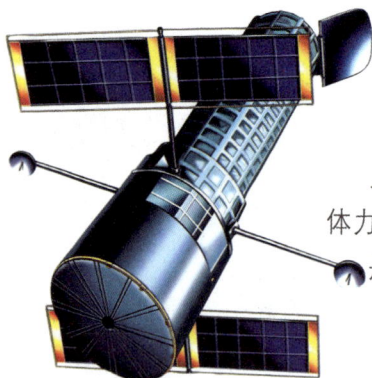

世界首颗卫星

世界上第一颗人造卫星是在苏联发射成功的，时间是 1958 年 10 月 4 日。随后，世界各国竞相研制发射卫星，如美国、法国和日本等国相继发射成功了各自的卫星。中国于 1970 年 4 月 24 日发射了第一颗自主研制的人造卫星——"东方红"1 号。

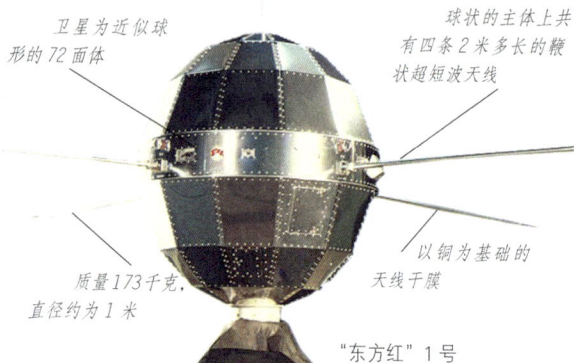

卫星为近似球形的 72 面体

球状的主体上共有四条 2 米多长的鞭状超短波天线

质量 173 千克，直径约为 1 米

以铜为基础的天线干膜

"东方红"1 号

卫星的组成

一个卫星系统由有效载荷以及卫星平台两大部分组成。有效载荷的基本构成包含：对地相机、恒星相机以及搭载的有效载荷；而卫星平台的构成则更为复杂，分为服务系统、热控分系统、姿态和轨道控制分系统以及遥测系统和供配电分系统等 9 个部分。

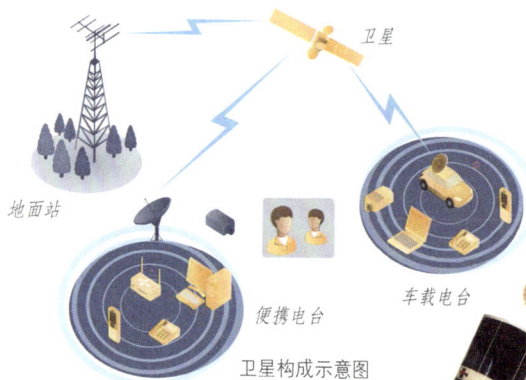

卫星

地面站

便携电台

车载电台

卫星构成示意图

静止卫星

卫星的种类

随着技术的进步，科研工作者已经研制出了多种多样、用途广泛的人造卫星。按照运行轨道的角度划分，人造卫星可分为地轨道卫星、中高轨道卫星、地球同步卫星；按照用途划分，人造卫星可以分为通信卫星、气象卫星、侦察卫星等多个类别。

"锁眼 KH－12"侦察卫星

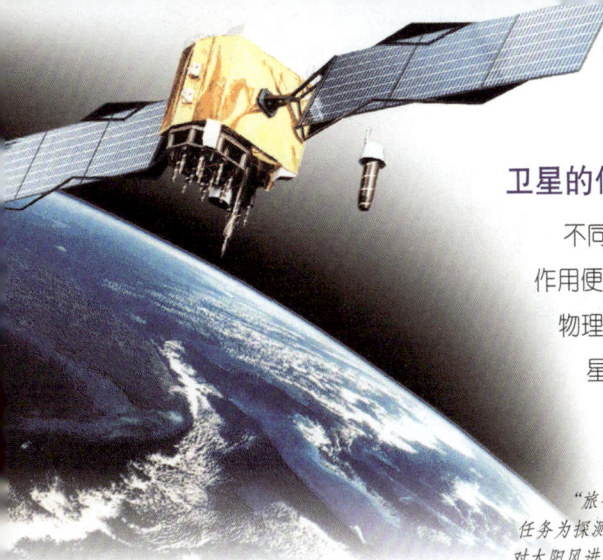

卫星的作用

不同的人造卫星发挥着不同的作用，如通信卫星的作用便是电讯中继站；科学卫星的作用则是开展大气物理、天文物理、地球物理等实验性任务；军事卫星的任务是军事照相和侦察。而星际卫星执行的便是对其他行星进行探测和拍照的任务。

"旅行者"1号现在的任务为探测太阳风顶，以及对太阳风进行粒子测量

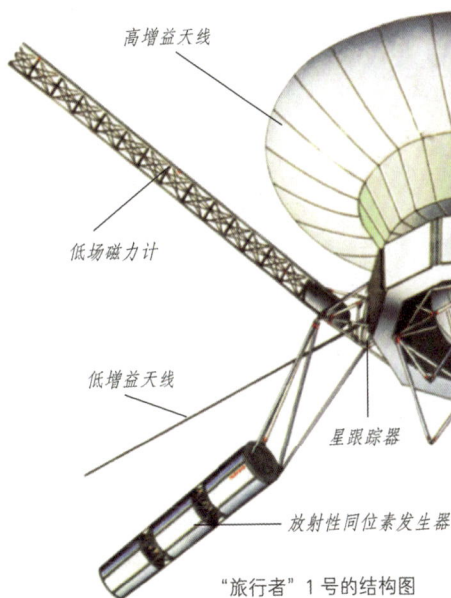

美国航天中心的人造通信卫星

宇宙射线

高增益天线

照相机和光谱仪

旅行者号探测器

"旅行者"号探测器共有两颗，是美国于1977年发射升空的两颗外层星系空间探测器。它们沿着两条不同的轨道飞行，执行着探测太阳系外围行星的任务。这两颗探测器上携带的核动力电池可持续供电至2025年左右。2012年，"旅行者"1号探测器已经飞离太阳系，进入了恒星际空间。

低场磁力计

低增益天线

星跟踪器

放射性同位素发生器

"旅行者"1号的结构图

"嫦娥"1号

"嫦娥"1号于2007年发射成功，是我国自主研制并发射成功的首个月球探测器。"嫦娥"1号的主要任务是获取月球表面三维影像、分析月球表面有关物质元素的分布特点，还包括探测月壤厚度、探测地月空间环境等诸多方面。

"嫦娥"1号月球探测卫星由卫星平台和有效载荷两大部分组成

卫星上的有效载荷用于完成对月球的科学探测和试验

"嫦娥"1号月球探测器

如果人造卫星从天上掉下来会怎样？

奇思妙想

用牛顿的万有引力理论来计算就可以知道，如果把人造卫星放在离地球约800千米高的高度，它运行的速度大概等于每秒7千米多，以这个速度计算，绕地球一圈大约只要90分钟，每天可绕地球14圈左右。当然不同用途的人造卫星有不同的高度、不同的速度，但所有的人造卫星都要放在几百千米高，原因是如果放太低，人造卫星的速度容易受到地球大气层的空气摩擦阻力而减低，等到速度低到某个值时，人造卫星就会掉下来。幸运的是，大部分的人造卫星在还没掉到地面前就会因空气摩擦而燃烧殆尽，若没烧尽的还是会落到地面上，如以前美国的太空实验室就掉到澳大利亚海域，苏联的一个核子动力军事卫星也曾掉到加拿大的地面上，不过幸好是掉在了加拿大北部人迹罕至的冰原上。

地球对周围的物体有引力的作用，因而抛出的物体要落回地面。但是，抛出的初速度越大，物体就会飞得越远。牛顿在思考万有引力定律时就曾设想过，从高山上用不同的水平速度抛出物体，速度一次比一次大，落地点也就一次比一次离山脚远。如果没有空气阻力，当速度足够大时，物体就永远不会落到地面上来，它将围绕地球旋转，成为一颗绕地球运动的人造地球卫星。

人造卫星可依其绕行地球的方式大致分成两种：地球同步卫星与绕极轨道卫星。同步卫星都是发射到地球赤道上空约36000千米的高空上，然后绕着地球的赤道自西向东转。另一种绕极轨道卫星家族的卫星通常高度比较低，主要分布在1000千米以下，而大部分又分布在800多千米高左右。此类卫星不像同步卫星是绕着地球的赤道转，而是绕着地球南北极方向转，所以才叫绕极卫星。

"旅行者"号旅行记

一颗全新的卫星被制造出来了，科学家为它取了一个好听的名字——"旅行者"号——并且还要派它做地球的使者去拜访太阳系外的宇宙空间。

"旅行者"号激动极了，它觉得自己太幸运了——要知道它的其他兄弟们可都在地球附近执行任务呢！它们的家族中还没有哪一个能到那么远的地方去旅行呢！

"旅行者"号升空的时候，是由最先进的火箭送入太空的。到了地球上空的卫星轨道时，火箭便向"旅行者"号道别："再见了，旅行者！我只能送你到这里，不然我的燃料就不能支撑我返回地球了。""啊！这么快呀！谢谢你，火箭哥哥。""旅行者"号似乎还沉浸在初入宇宙的兴奋之中呢！它甚至忘记了自己马上要开始的"孤独之旅"了。不过火箭哥哥似乎有些恋恋不舍，它不断地嘱咐着："你呀，一定要小心，一会你要穿越卫星轨道，还要穿越小行星带，可要小心那些太空垃圾！千万别小看那些微小的陨石，它们都是致命的。"

不过此时的"旅行者"号哪有心思听这些啊，它正憧憬着美好的旅程呢！与火箭哥哥分别后，"旅行者"号便开始了新的旅程。

一路上，它见到了好多的前辈，它们欢快地互相问候，然后便继续工作：有的在为地球拍照，有的在监测大地转接着全世界各地的电话……气，还有的忙碌的工作，"旅行者"号飞得更远一些。

大伙都很羡慕"旅行者"号也很兴奋，它不断地加速，想要到一阵巨大的呼啸声，它急忙己追来。"可不能被它撞到！"

就在此时，"旅行者"号听到这事，它吓坏了，只能不断加回头——一颗废弃的卫星正向自过了一会儿，声音好像没有了。"旅可"旅行者"号毕竟是第一次遇了！——"嚯！真是个没头脑的家速，让自己远离那个"愣头青"。整天都是漫无目的地乱逛。行者"号回头一看，那家伙已经转弯伙！"原来那种废弃的卫星早已不受控制了，

这下，"旅行者"号可见识到宇宙的危险性了，它想起了火箭哥哥的嘱咐，变得小心翼翼的。

什么？你问我"旅行者"号现在在哪？据我所知，它已经安全地通过了小行星带，早就冲出太阳系了，正向着茫茫的宇宙前进呢！

99

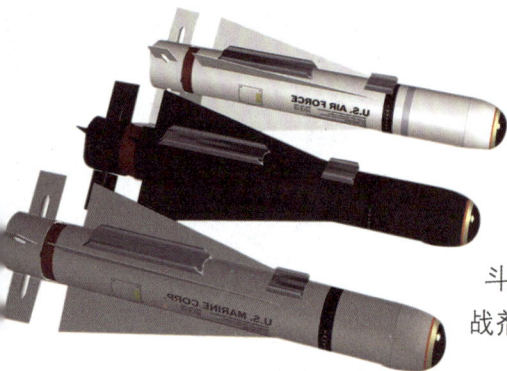

空对地导弹

导　弹

导弹，是一种可以指定攻击目标，或是追踪目标动向的飞行武器。导弹的打击力量主要集中于战斗部（即弹头），弹头可分为核装药、常规装药、化学战剂、生物战剂以及使用电磁脉冲。装载普通炸药的称为常规导弹，装核弹的称为核导弹。

导弹之父

导弹技术的贡献者是德国人冯·布劳恩。1936 年，冯·布劳恩作为主导者参与了德国的"复仇者"计划。1939 年，世界上第一枚导弹 A-1 在德国发射成功。这开辟了一个新的武器攻击时代。后期，在冯·布劳恩的主导下，德国又相继研制了多种型号的导弹。

导　弹

世界上第一枚导弹
A-1 在德国发射成功

导弹的构成

导弹主要由 4 个基本部分组成，即战斗部（即弹头）、弹体结构系统、动力装置推进系统以及制导系统。其中导弹弹头是摧毁目标的专用装备，它由弹头壳体、战斗装药和引爆系统组成。其中若是装填核物质的话，则用梯恩梯当量区别核弹头的威力。

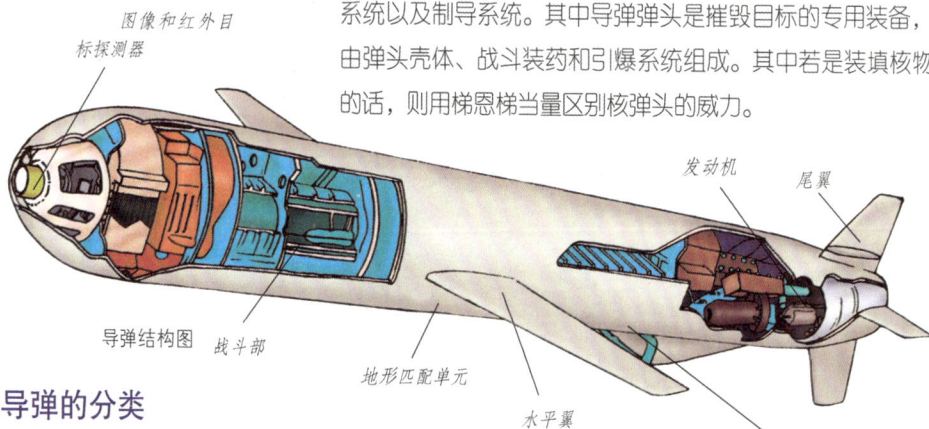

图像和红外目标探测器

发动机　尾翼

导弹结构图　战斗部

地形匹配单元

水平翼

进气道

导弹的分类

根据制导方式的不同，导弹可以分为有线制导、雷达制导、红外线制导、惯性制导、乘波制导、主动雷达制导；从作用的角度划分，导弹可分为战略导弹和战术导弹；从发射的载具的角度划分，导弹可分为空射、面射和潜射等几种。

红外制导导弹

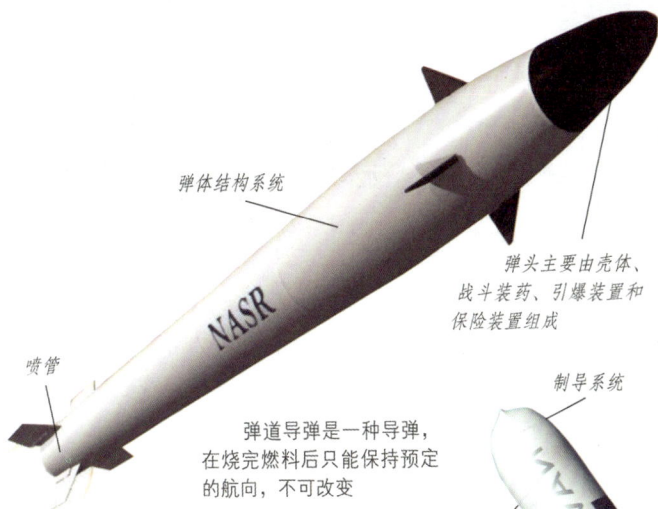

弹体结构系统

弹头主要由壳体、
战斗装药、引爆装置和
保险装置组成

NASR

喷管

制导系统

弹头

弹道导弹

弹道导弹在火箭发动机推动下按照既定轨道运行，关机后依然能够按自由抛物体轨迹飞行。从使用角度划分，弹道导弹可以分为战略型和战术型；按射程划分，可分为洲际、远程、中程和近程弹道导弹四种。

弹道导弹是一种导弹，在烧完燃料后只能保持预定的航向，不可改变

"战斧"式巡航导弹简称战斧导弹，一共发展出了陆基型、潜射型、空射型、舰载型四个型号

弹体

巡航导弹

巡航导弹又称飞航式导弹，这种导弹的大部分航迹处于巡航状态，具有突防能力强、机动性能耗、命中精度高、摧毁力强等优点。目前，世界上只有美国和俄罗斯装备有核燃料的战略巡航导弹以及远程常规巡航导弹。目前，我国也具备了制造巡航导弹的技术。

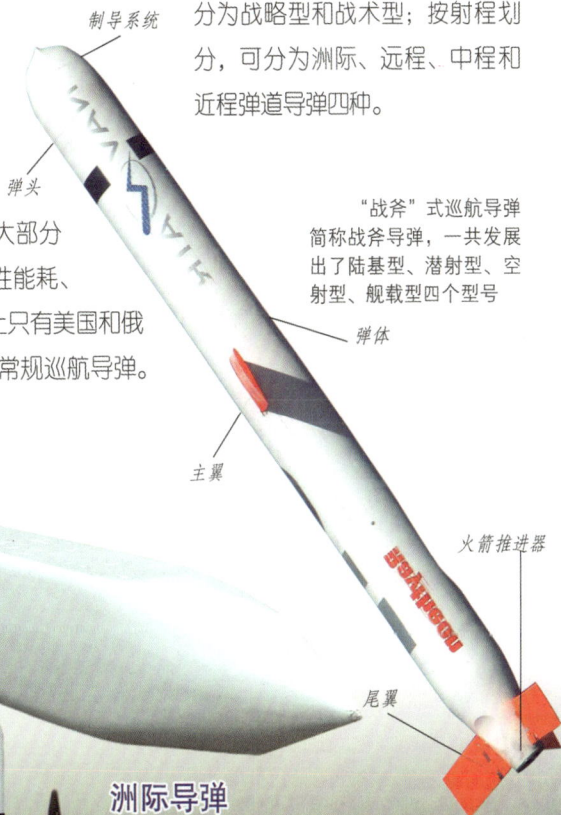

主翼

火箭推进器

STORM SHADOW / SCALP EG

尾翼

"斯卡普 EG"巡航导弹

洲际导弹

洲际导弹的射程通常大于 8000 千米，它是战略核力量的重要组成部分，主要攻击目标为敌国境内的重要军事、政治和经济目标。洲际导弹的射程和速度远超其他常规导弹。目前，拥有洲际导弹的国家包括美国、俄罗斯、中国、英国以及法国。

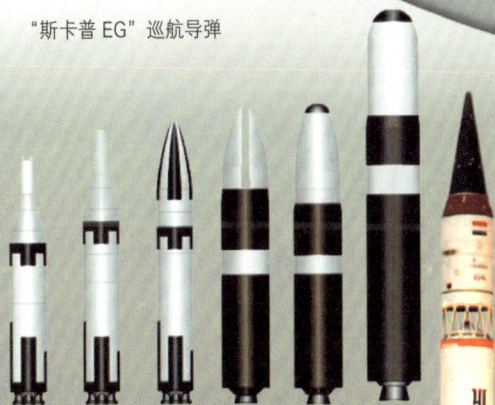

美国的"北极星"洲际导弹

奇思妙想

导弹的弹头有的装有普通炸药，有的则装有破坏力最大的核武器。如果是一枚普通的常规导弹失控了，它造成的破坏要比一枚装有核弹头的导弹小许多。如果是核导弹失控，那么这将会是人类历史上一件极为恐怖的事情，也许它会摧毁一座城市，也许它会摧毁一片无人居住的小岛。

不过导弹并不会轻易地失控，因为导弹专家已经将最为精确和可靠的技术应用在导弹的构造之中。导弹制导系统是引导导弹克服各种干扰因素，按一定规律自动飞向目标的整套设备。导弹制导和控制系统包括导弹制导系统和导弹姿态控制系统两部分。导弹制导系统由测量装置和制导计算装置组成，其功用是测量导弹相对目标的位置或速度，按预定规律加以计算处理，形成制导指令，通过导弹姿态控制系统控制导弹，使它沿着适当的弹道飞行，直至命中目标。导弹姿态控制系统有时又称为自动驾驶仪，它由敏感装置、计算装置和执行机构组成，其功用是保证导弹能稳定地飞行。此外，它接受制导系统送来的制导指令，控制导弹的姿态，改变导弹的飞行弹道，使它命中目标。制导系统、姿态控制系统、导弹弹体和运动学环节一起形成一个闭环的控制回路。制导精度是导弹制导和控制系统最主要的性能指标，也是决定命中精度最主要的因素。攻击固定目标时导弹的命中精度一般用圆公算偏差表示，攻击活动目标则用脱靶量表示。

"小捣蛋"不再捣蛋

自从人类发明了导弹以来，导弹的威力是越来越大。只要将导弹的弹头上装满了炸药，再安装一套精确制导系统，导弹的命中率就更高了——无论是上天还是入地，就没有导弹去不了的地方。

人们制造出了越来越多的导弹用来打仗，攻击他们的敌人。可是有一枚导弹却是名符其实的"小捣蛋"——从它被制造出来那一刻起，就不断地给科研人员制造麻烦。最夸张的是，它竟然跟科研人员谈起了条件："科学家叔叔，我是这一批导弹中最聪明的一个，我根本不用安装制导系统，因为我记忆力好，只要装上足够的炸药，我就能圆满地完成任务了。"

科学家当然知道它是有名的"小捣蛋"，自然不会相信它的话，便自顾自地将精确制导系统安装在"小捣蛋"的屁股后了。可到天黑的时候，这个小捣蛋总觉得自己的屁股后好痒，"这样会不会显得我很胖啊？会影响我的飞行速度的！"小捣蛋自言自语着。过了一会儿，它突发奇想："不如我把它偷偷摘掉，等明天一早就要被送到战场上了。"

想到这，小捣蛋竟然真的把自己的精确制导系统给摘了下来，然后才闭眼睡了。梦里，它还梦到自己飞得轻松极了，第一个完成了任务呢！

第二天一早，这一批导弹立即被运往战场，它们要去执行一个特殊的任务——摧毁敌国非法的核工业设施。

随着指挥官一声令下，这些导弹便被发射出去了。它们雀跃着，开足马力向遥远的目标飞去。可是过了一会儿，那个小捣蛋却落后了——原来它私自减轻了重量，降低了自己的惯性，速度自然跟不上了。

看着兄弟们一个个地呼啸而过，小捣蛋心里急死了。可偏偏这个时候，它又迷路了——在茫茫的大气层中，它根本看不清方向，本来记好的路线，一点也想不起来了。"我该怎么办啊？往哪飞？要一直向前吗？"小捣蛋没主意了！心里直打鼓。"要不就落下去？那可不行，人命关天啊！可不能误伤百姓。""可是一直飞下去也不是办法啊！早晚要落地的！"

就在这时候，小捣蛋仿佛看到了大海的浪涛。"不管了，扎下去吧！做个哑弹也比误伤性命好啊！"想到这，小捣蛋便一个猛子扎进了大海中。

后来，它幸运地被人们打捞上来。它羞愧极了，发誓以后再也不捣蛋了。

太阳能

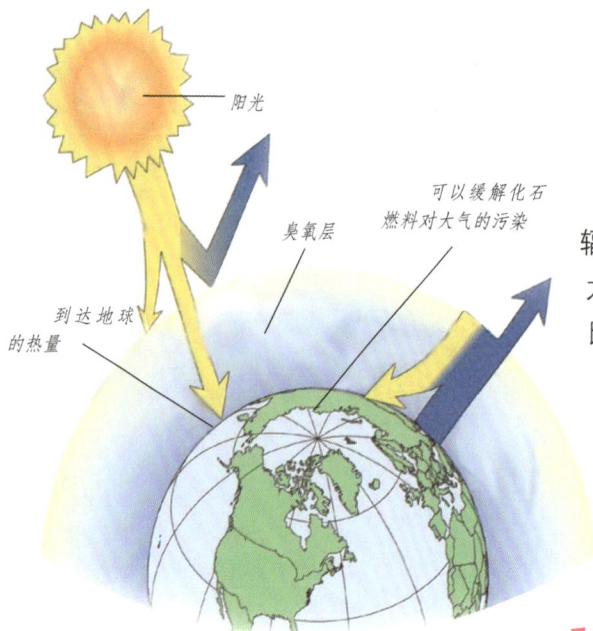

太阳以太阳光线的形式向地球辐射热能，便是太阳能。人类对于太阳能的利用可以追溯到远古时期，比如利用阳光烘干衣物、盐或是制作咸鱼等。而如今，随着能源的枯竭，太阳能早已成为人类的重要能量来源。

阳光

臭氧层

可以缓解化石燃料对大气的污染

到达地球的热量

能量来源

太阳内部的氢原子发生核聚变反应的同时能释放出巨大的能量，这也是太阳能的产生原理。太阳能是地球上一切能量的基本来源。植物的光合作用能将太阳能转化为化学能储存在植物体内；而煤炭、石油、天然气等化石燃料也是由远古生物的遗体演变而来。

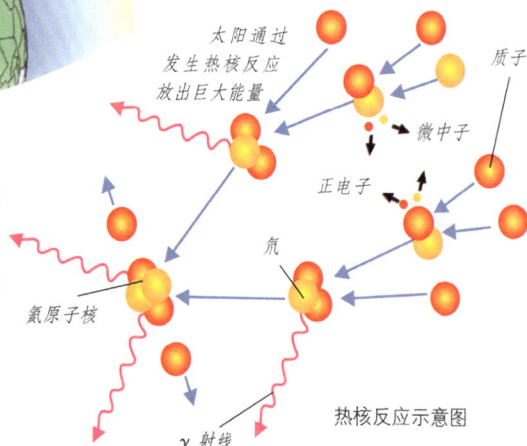

太阳通过发生热核反应放出巨大能量

质子

微中子

正电子

氘

氢原子核

γ射线

热核反应示意图

太阳能的优势

太阳能属于一次能源，但具有可再生性。太阳能资源取之不尽用之不竭，可免费试用，又省去了运输的过程和成本，十分环保。太阳能的开发利用为人类带来一种新的生活方式，一个节约能源并减轻污染的新方式。

太阳能热电站

太阳能的劣势

对于太阳能的利用，也存在着诸多的局限性，如太阳能的分散性，使得它的能流密度很低，需要配备一套较大型的收集和转换设备，造价高昂；由于昼夜、季节以及天气的影响，太阳能是不稳定的；另外，对太阳能的利用还存在着效率低和成本的问题。

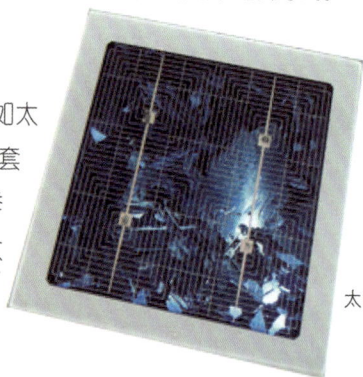

太阳能电池

太阳能光伏

太阳能光伏板在接收了阳光后便能产生直流电。简单的光伏电池可作为手表或是计算机的电力来源；较复杂的光伏系统可为房屋照明以及交通信号灯和监控系统提供电源，还能并入供电网之中。

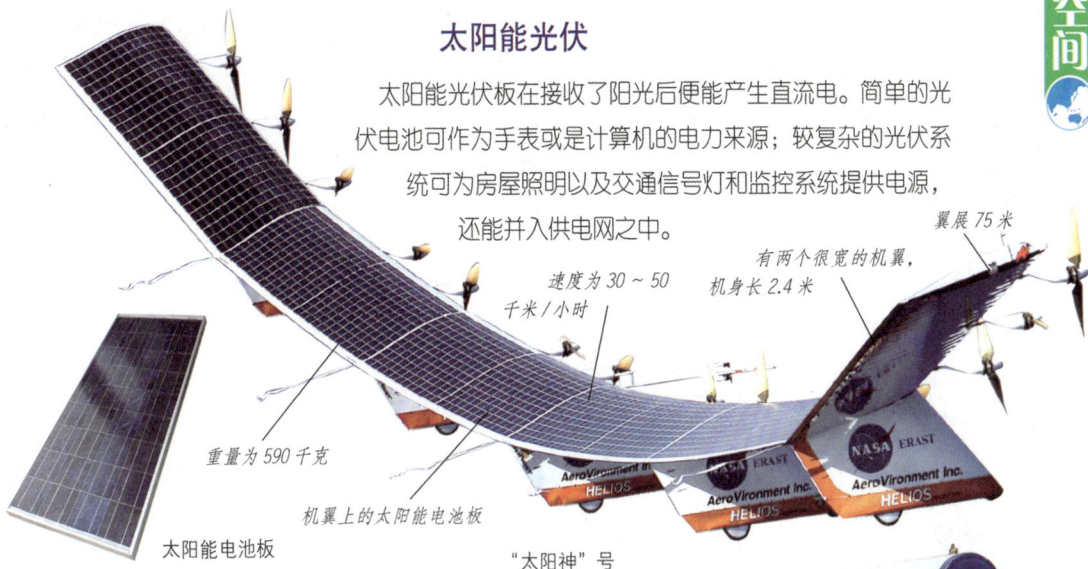

翼展 75 米

有两个很宽的机翼，机身长 2.4 米

速度为 30 ~ 50 千米 / 小时

重量为 590 千克

机翼上的太阳能电池板

太阳能电池板

"太阳神"号

太阳能光热

太阳能技术收集阳光，并将其转化为热水、蒸汽和电能。如今，人们在设计建筑物时，在其内部嵌入适当的设备来利用太阳的光和热，比如，人们设计出巨型的南向窗户以吸收更多的阳光；同时人们还可以使用适宜的建筑材料以起到保温或散热的作用。

太阳能热水器

太阳能路灯

应用范围

太阳能发电应用范围广泛，如太阳能路灯、太阳能杀虫灯、太阳能便携式系统、太阳能移动电源，以及太阳能灯具、太阳能建筑等多个领域。由此可见，太阳能的应用前景很广阔。

太阳能房子

太阳能汽车

如果把的太阳能都利用起来会怎样？

奇思妙想

太阳能是一种天然的可再生资源，这种能源不仅洁净，而且源源不断。那么，如果我们能够将这些能量全部收集起来，并且加以利用，是否就可以成为煤、石油和天然气等不可再生能源的永久性替代能源呢？是不是就能解决地球上的"能源危机"问题？可这只是一种理想化的状态，目前人们所能够想到的利用太阳能的方法主要有两种，分别是光热转换和光电转换。从字面意思我们就能够很好地理解，它们分别是将太阳能转化成热能和电能。人们日常使用的太阳能热水器采用的是第一种利用方式。太阳能热水器都有一个集热器，这个设备安装在高处向阳的地方。集热器能够将太阳能收集，将管道中的冷水加热到40~60℃，为我们提供天然干净的热水。至于光电转换，最直接的例子就是太阳能电池的发明。太阳能电池的原理就是光电效应，或者是光化学效应。当太阳光照射到电池表面，电池中特殊的结构就能够将这部分能量转化为电能，并且通过一定的线路释放。现在有很多地方都采用了非常环保的太阳能电池作为能源的供给。

可是我们为什么不能把太阳能全部利用起来呢？就目前的情况看，大部分的太阳能都被"浪费"掉了。这些都是由太阳能本身的性质所决定。首先，它受季节的影响非常大。如果我们在大多数地方都采用太阳能，那么到了阴雨天气，太阳光照不足的时候，会有很多地方因为能源供给不足而无法正常工作。其次，太阳能分布非常分散，而且无法储存，这个是显而易见的。

被冷落的煤

很久以来，煤一直是人类重要的能源材料。人们的生活与煤息息相关。取暖要烧煤，做饭也要烧煤，发电也要烧煤，就连机车的运行也离不开煤。

煤当然知道自己的重要性，渐渐地竟有了傲气。它瞧不起那些破旧的木头，说它们"烧一会儿就没了，根本没多少热量，哪里有我重要？我才是人们最可贵的资源！"木头老实巴交的，嘴也笨，根本不知道怎么反驳。

一旁的小草看不过去了，便对煤说道："别忘了，你的前身也是一块木头而已！"

"可是我进化了呀！你看看我浑身油光锃亮的，一看就是地球的精华。你懂什么呀？"煤不可一世地反击道。

煤不仅看不起身旁的草木，甚至也学会了要弄人类。冬天快到了，人们要大量地烧煤取暖了。可是煤呢？它们联合起来藏到深山老林里去了——人类的采矿车挖了很久也找不见它们。这下，煤更成了稀缺之物，价格飞涨。煤呢？更骄傲了！觉得人们一天也离不了它。

奇怪的事情发生了，人们不知道怎么了，关闭了好多煤矿，挖矿机的轰鸣声也停歇了。

眼看冬天就要到啦，煤还指望一把呢！可是人们不再追逐它们便派出一个代表来到城市中打探

这个机灵的小煤块走了好久，龙一般的运煤车不见了，连城市户的房顶上还多了一样奇怪的东面有一面"黑镜子"冲着太阳，下里去了。

小煤块想不明白，只好厚着脸皮向这么冷了，你们都用什么取暖啊？"

着自己能再"火"了，煤觉得奇怪极了，情况。

终于来到了城市。以往如长的天空都透亮了许多。家家户西——一个三角形的东西，上面还有一根线连接到人家的房屋

一位老伯伯打听："老伯伯，现在天

老伯伯满脸笑容地对小煤块说："你看那个，那叫太阳能热水器，我们用它收集太阳的热量，既能烧水洗澡，还能给屋子取暖。这可是新能源啊！你看，不用烧煤取暖了，连空气都好了，城市里不需要那么多冒着黑烟的大烟囱了！这个发明可真是太好了，方便极了。"

小煤块明白了，它不好意思再问什么了。它回去后，把这些话转达给煤兄弟们，大伙才知道自己被冷落的原因了——因为有更环保、更便捷的新能源太阳能出现了。

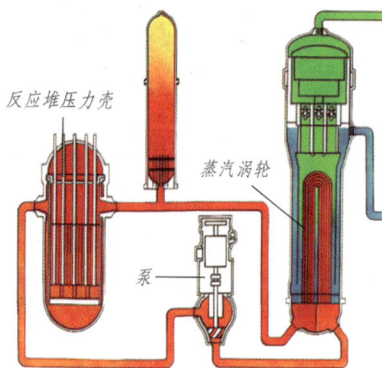

反应堆压力壳

蒸汽涡轮

泵

核反应堆的冷却水系统示意图

核　能

核能即原子能，它指原子核发生反应时所释放的能量，而原子的核裂变与核聚变所释放的能量是十分巨大的。核能的应用范围十分广泛，医疗卫生、食品保鲜等是最主要的领域。

芝加哥一号堆

核能时代

美国芝加哥大学的费米领导小组于1942年12月建造了人类的第一台（可控）核反应堆——芝加哥一号堆，这也是曼哈顿计划的一个组成部分。芝加哥一号堆采用铀裂变链式反应，打开了原子能时代的新篇章。

铀

铀是自然界中原子序数最大的元素，它的构成成分中有一种叫作铀－235的同位素。铀－235在发生核裂变反应时能放射出巨大的能量，是同等量的煤完全燃烧所释放出能量的2700000倍，能量蕴藏十分巨大。

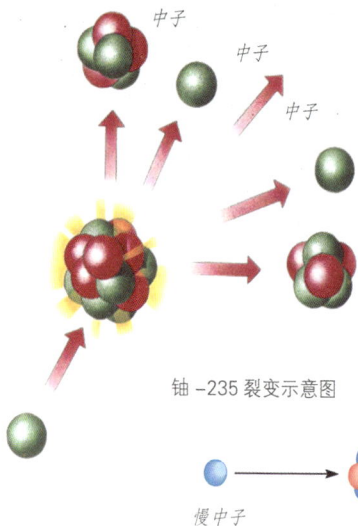

中子

中子

中子

铀－235裂变示意图

核能来源

20世纪中叶，科学家发现了核裂变的奥秘——铀－235原子核在吸收一个中子以后会发生分裂现象，并且释放出极大的能量，这便是核能的来源。核电反应堆便是利用这一原理来获取能量的。

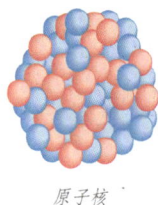

慢中子

原子核

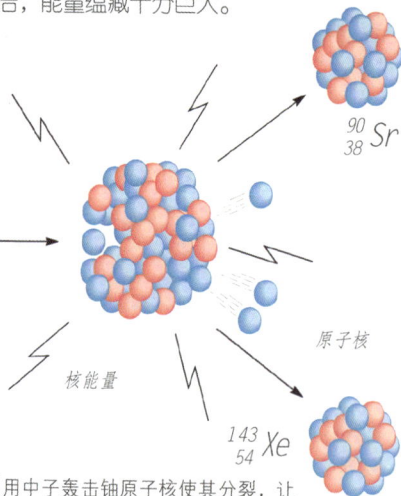

$^{90}_{38} Sr$

原子核

核能量

$^{143}_{54} Xe$

人们利用中子轰击铀原子核使其分裂，让它的能量释放出来，于是中子不停地轰击另外的原子核，放出更多的中子……形成像滚雪球一样的连锁反应，即链式反应

核能的特点

相比煤炭等化石燃料发电的技术，核能发电的优势十分明显，它安全、经济、干净，十分利于环保。因为煤炭在燃烧的过程中会排放出各种有害气体和废物，但核电站并不排放有害物质，也不会加剧"温室效应"。然而核泄露事故也是人们必须警惕的潜在风险。

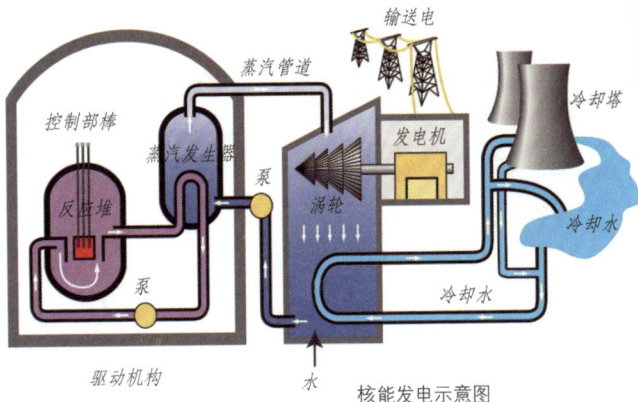

核能发电示意图

（图示标注：输送电、蒸汽管道、控制部棒、蒸汽发生器、发电机、泵、反应堆、涡轮、冷却塔、冷却水、驱动机构、水、冷却水）

中国核能

中国人对核电的开发利用经历了起步阶段、适度发展阶段、积极发展阶段以及安全高效发展阶段。中国人自行设计建造的第一座核电站是秦山核电站，目前已建成大亚湾核电站和江苏田湾核电站，它们是中国三个核电基地。

秦山核电站

英国核能

世界上第一座商业运营核电站诞生在英国，如今，英国拥有世界领先的核电技术以及核电专业人才，建立起成熟的产业链及配套服务体系。英国是第四代核能国际论坛的成员之一，积极倡导第四代核电技术。

英国核电站

一座100万千瓦的火电厂，每年要烧掉约330万吨煤，而同样容量的核电站一年只用30吨燃料

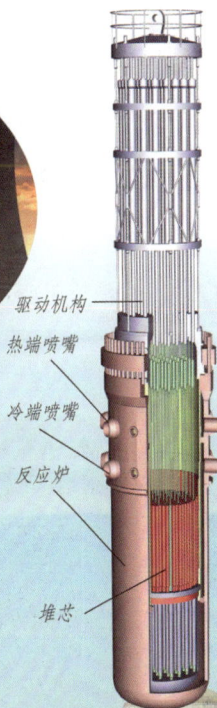

核电厂核反应示意图

（图示标注：驱动机构、热端喷嘴、冷端喷嘴、反应炉、堆芯）

奇思妙想

核能的能量巨大，那么，假如核电站发生了核泄露，会怎样呢？

1986 年 4 月 26 日，位于苏联乌克兰地区基辅以北 140 千米的普里皮亚特市的切尔诺贝利核电站 4 号反应堆突然爆炸，发生了自 1945 年日本遭受美国原子弹袭击以来全世界最严重的核灾难。8 吨灼热的核燃料从一个房间流到另一个房间，吞噬了混凝土建造的牢固的建筑物，熔化了用特殊钢材做成的钢管。接着炽热的高温气流将反应堆保护壳冲破，熊熊烈火和强大气流冲天而起，把大量的放射物质送入大气层之中，然后随风飘落到世界各地，遭受污染的还有乌克兰周边 20 多个国家和美国、加拿大等国。这就是震惊世界的切尔诺贝利核电站核泄露事故。

切尔诺贝利核泄露事故造成了严重的人员伤亡和环境污染。如今，二十多年虽然过去了，但核事故留下的阴影仍然挥之不去。核污染造成的后遗症，其代价更是难以估计。据一些西方专家估计，这一事故给数百万的俄罗斯人和乌克兰人埋下致命祸根。在核电站 50 千米范围内的癌症患者、儿童甲状腺患者及畸形家畜和植物，如体格硕大的老鼠、苞蕾异常肥大的花菜等数量急剧增加，"切尔诺贝利综合征"正在蔓延。据乌克兰卫生部 2003 年 7 月公布的数据，在乌克兰全国 4800 万人口中，目前共有包括 47.34 万儿童在内的 250 万核辐射受害者处于医疗监督之下。核辐射导致的甲状腺癌发病率增加了 10 多倍。更令人担忧的是，核辐射受害者中残疾病例上升：1991 年至今，核事故导致残疾的人数增加了一倍多，达 10 万人。

质检"小哨兵"

集装箱小乌最近有些气不顺，不是在与人抱怨，就是在寻找能听它抱怨的人。那它在抱怨些什么呢？——还不是被它运送的那些小货箱给气的！

本来呢，小乌只是一个运输工。它每天只要起个大早，等在工厂的流水线边上，等那些小货箱被装满后，自动滚入自己的集装箱中，然后再把这些货运到对岸的码头上就可以卸货了。它每天只要走这么一个来回就可以安稳地享受休闲时光了。

可是最近，它的货总被对岸的码头退回来，因为人家说它的小货箱装得不整齐，好多都没有装满——它只好再回去重新装一遍。因为每天都得多跑几趟，可把它给累够呛。

可老这样下去也不是办法，小乌只好亲自去流水线边上打探。它想知道为什么货箱装得有多有少呢？

观察了一会儿，小乌就发现门道了。有一些小货箱特别淘气，当货物落下时，它们总是躲来躲去的，好减轻自己的负担；还有一些小货箱一直嚷嚷着要"减肥"，也不会把自己装得太满……

小乌只得不停地跑来跑去，劝住这个，却看不住那个……小乌被溜得实在没法了，只得去找工厂的老板反映情况。

老板也为此感到头疼呢！因为只要一退货，他就得赔钱。他答应小乌，一定会想个好办法解决这个问题。

果然，几天之后，小乌送出的货再也没有收到投诉了，它也不用白费力气了。它纳闷极了，想知道老板用了什么办法收拾好了那些"小调皮"。

等它到了工厂的流水线时，发现了流水线旁边站着一个机器人，就像一个小哨兵一样。每个小货箱经过流水线时，都要经过它的检测，一旦有货箱装得不满，或是摆放凌乱的话，"小哨兵"就会发出警告，接着调动机器，将那些"小调皮"剔除出去。

小乌高兴极了，急忙去找老板请教。老板得意扬扬地告诉小乌："这是我花大价钱买来的放射性同位素检测仪！它利用放射性同位素能检测物质构成的特性来检测，什么东西都逃不过它的'法眼'呢！"

小乌听得连连赞叹，这真是一个双赢的办法：工厂老板不用赔钱了，它也不用来回退货了。

克隆技术

克隆是一个音译词汇，它的英文写作"clone"，那些利用人工遗传的方式操作动物繁殖的过程被称为"克隆"。这门技术就是克隆技术，被定义为"无性繁殖"，又被称为"生物放大技术"。

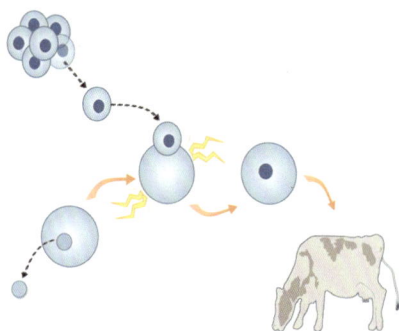

克隆技术，被定义为"无性繁殖"

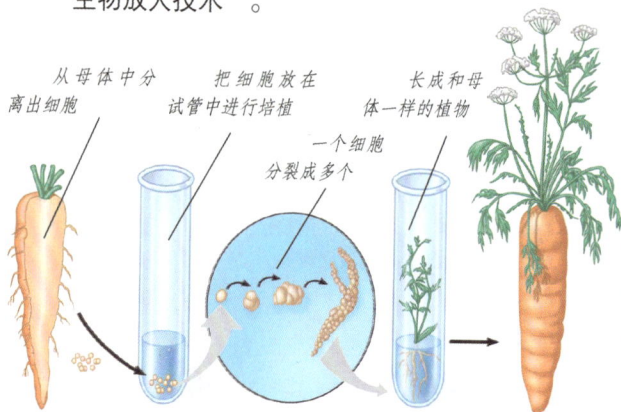

从母体中分离出细胞

把细胞放在试管中进行培植

长成和母体一样的植物

一个细胞分裂成多个

克隆植物示意图

克隆与无性繁殖

克隆是一种繁殖方式，但它与无性生殖存在着区别：无性生殖是指未经两性生殖细胞结合的生殖方式或自然的无性生殖方式，但克隆则是人类有意识地复制另一个与"母本"一模一样的个体。

克隆技术的发展

时至今日，克隆技术已经历了三个历史阶端：微生物克隆（一个细菌复制出一个细菌群）、生物技术克隆（DNA克隆）以及动物克隆（由一个细胞克隆出一个动物）。而克隆绵羊"多莉"则是动物克隆的知名"作品"。

"克隆之父"伊恩·维尔穆特博士和他克隆的世界上首只克隆羊"多莉"

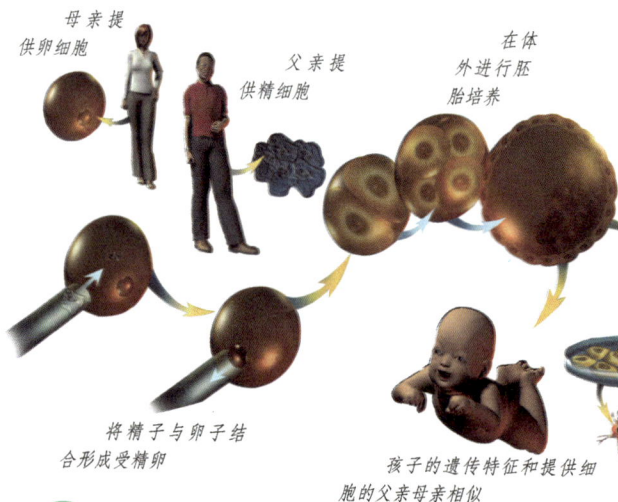

母亲提供卵细胞

父亲提供精细胞

在体外进行胚胎培养

将分裂到一定阶段的胚胎植入代理母亲体内发育

技术应用

在生物学领域，克隆技术一般有两种应用方式——克隆一个基因或是克隆一个物种。克隆基因的方法是从某个体中截取一段基因；而克隆一个物种的话，则要经过一个十分复杂的技术过程。

将精子与卵子结合形成受精卵

孩子的遗传特征和提供细胞的父亲母亲相似

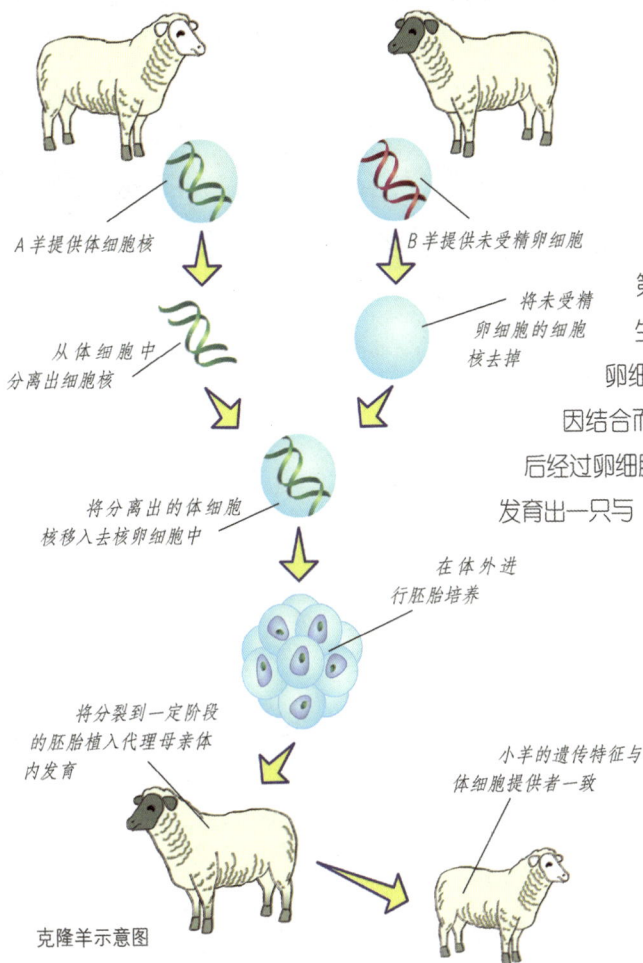

A羊提供体细胞核

从体细胞中
分离出细胞核

将分离出的体细胞
核移入去核卵细胞中

B羊提供未受精卵细胞

将未受精
卵细胞的细胞
核去掉

在体外进
行胚胎培养

将分裂到一定阶段
的胚胎植入代理母亲体
内发育

小羊的遗传特征与
体细胞提供者一致

克隆羊示意图

"多莉"诞生

1996年7月5日，世界上第一只克隆动物——绵羊多莉诞生了。它是一个没有遗传物质的卵细胞和另一只绵羊身上的遗传基因结合而成，完全没有精子的参与，随后经过卵细胞分裂、增殖并形成胚胎，最终发育出一只与"供体"完全相同的小绵羊。

世界上第一只克隆羊"多莉"

克隆的利与弊

克隆技术的益处在于对物种的遗传和繁衍方面的有利影响，如减少新生儿的遗传缺陷、治疗神经系统的损伤等等；但其弊端则体现在干扰自然进化，弱化了物种抵御变异病毒的能力，提高了传染病的传染风险，并引发一些伦理问题。

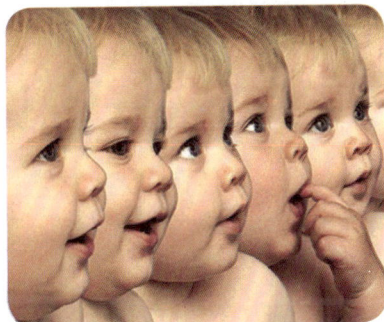

如果将克隆应用在人类自身的繁殖上，将产生巨大的伦理危机

应用前景

克隆技术具有广阔的应用前景，如培育优良畜种和生产实验动物；培育转基因动物；制造人胚胎干细胞以治疗细胞和组织方面的疾病；复制濒危物种，保护地球生物多样性。只要我们科学合理地利用这一技术，必将为人类的进步做出更大的贡献。

科学家培育优良畜种

如果没有病毒会怎样？

奇思妙想

很多人认为没有了病毒，我们就不会再受疾病的折磨，寿命也会延长。但病毒对人类并不是百无一用，对世界还是有好处的。

首先，在生物进化的进程中，病毒帮助了哺乳动物和人类的生殖。为什么这样说？因为动物体本身就是具有排外性的，哺乳动物的母体能够不排斥体内的受精卵，直到胎儿的形成，就是源自一种内源性逆转录病毒。在胎盘形成的过程中，这种病毒的基因能够起到调节或控制的作用。在动物进化的过程中，内源性逆转录病毒通过调节胎盘的功能，从而阻止母体对胎儿的排斥。也就是说，如果没有这种病毒的存在，哺乳动物也不会进化到今天。

其次是在植物界，一些稀有花卉品种的诞生，也都离不开病毒的参与。荷兰是一个盛产郁金香的国家。16世纪的时候，一种长着斑纹的郁金香受到了人们的喜爱。这个品种的花纹就好像是随意喷溅上去的，五彩缤纷，当时的人们纷纷购来用作装饰。但殊不知，这种美丽的形成，正是植物病毒作用的结果。病毒的侵入，会使植物改变原有的颜色，使植物看上去更加美丽、与众不同。人们在掌握了这项技术之后，也都开始利用病毒感染来培育新的植物品种。

第三，从大环境来考虑，病毒在保持生态平衡方面也发挥着不可取代的作用。在生物不断进化的过程中，病毒不断地依附在不同的寄主身上生存。一些较强壮的，能够抵御病毒的侵害，病毒就转移目标，不在此处生活；而一些反抗能力较弱的，就会慢慢被病毒"消灭"掉。长此以往，自然界的各种生物之间就形成了相对稳定的关系，生态平衡也因此得到了很好的维持。

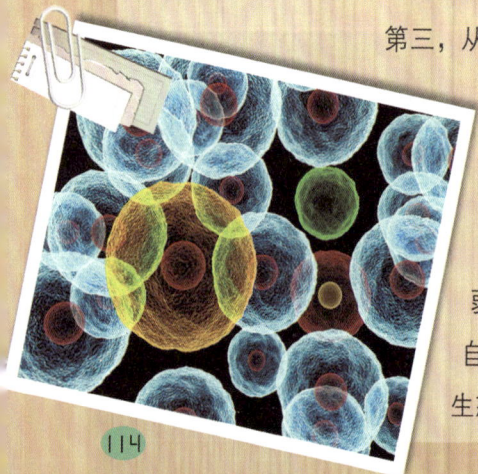

羊博士偿命

　　小羊是羊村里出了名的小捣蛋，它可没少给爸妈惹乱子。

　　这不，就在今天，大伙刚要午休，就听隔壁的羊奶奶慌慌张张地快步走着，边走边喊："不好啦！小羊又惹祸了！"羊爸爸问道："怎么啦？那小子又去你家闯祸了？""可不是我家，它惹上了隔壁的大魔王。这会儿大魔王一家正在村口管村长要人呢！"说完，羊奶奶又压低声音说道："嘘！小羊被我藏在家后院的草垛里了！"

　　羊爸爸一听，吓得一哆嗦，瞪着眼问道："它怎么敢到大魔王村去惹事呢？它到底怎么得罪人家了？"羊奶奶说："听它说，是不小心踩碎了大魔王老婆刚下的一个蛋。现在大魔王暴跳如雷，要小羊偿命呢！"羊爸爸吓得腿都软了，"这可怎么办啊？我们全家都得躲一躲啊！"

　　"现在躲也来不及了！人家魔王村的魔王们都把羊村围个水泄不通了，你往哪躲？还不如找羊博士想想办法呢！"羊奶奶提醒道。

　　"对啊！我真是吓得什么都想不起来了。"这话刚一落地，羊爸爸转身就飞□的家。它上气不接下气地说明了来意，□何也要帮忙。羊博士听了，竟也不着□带我去见大魔王，我有办法解决。"□到村口。大魔王家族正气势汹汹地威□说："你不要跟小孩子一般见识，你□你！"

　　大魔王听了，觉得不可思议："你带我去魔王村，把那个碎蛋交给我，我就□蛋；要是我做不到，我情愿替小羊抵命。"羊博士信心满满地保证着。大魔王将信将疑，但也想让它试一试，毕竟它更想要自己的孩子。

　　奔向羊博士请求羊博士无论如□急，对羊爸爸说："你□羊爸爸只好带着羊博士来□吓村长呢！羊博士对大魔王□不就想偿命吗？我可以赔偿□能偿命？我怎么相信你？""你□有办法让它孵化出一个一模一样的□

　　羊博士到了魔王村，收集起那个碎蛋，立即开展了实验培育的工作。过了一阵子，它竟然真的培育出一只新生的小魔王。大魔王佩服极了，急忙向羊博士请教。羊博士笑呵呵地告诉它："这是我研究出的新技术——克隆，只要有你儿子的基因，我就能复制出一个一模一样的小魔王来！"

　　大魔王似懂非懂，但是十分佩服，连忙请客感谢羊博士。酒足饭饱后，大魔王亲自将羊博士送回了羊村。

转基因技术

转基因技术的理论根源是进化论。基因片段的来源可分为从生物体中提取出来的，以及人工合成的 DNA 片段。基因片段与特定生物体的基因进行重组，再经人工选育后，获得具有稳定特性的遗传个体。

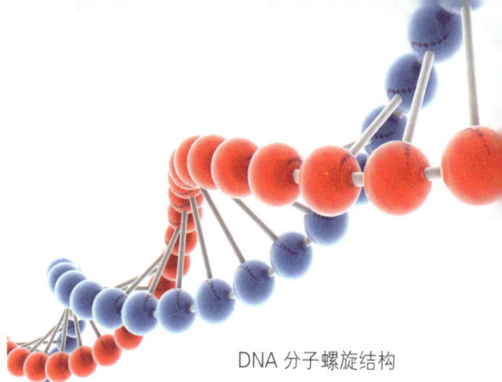

DNA 分子螺旋结构

基 因

1909 年，著名遗传学家约翰森提出了"基因"这一概念。基因是指携带遗传信息的DNA（全称是"脱氧核糖核酸"）片段。用通俗的话来解释的话，基因是所有生物本身所携带的天然"密码本"。

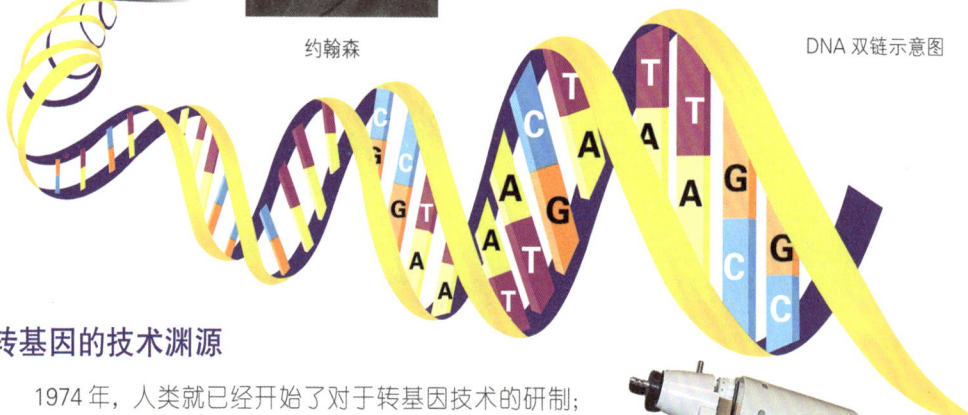

约翰森

DNA 双链示意图

转基因的技术渊源

1974 年，人类就已经开始了对于转基因技术的研制；1978 年，DNA 限制酶的发现使得科学家纳森斯等人获得了当年的诺贝尔医学奖；1982 年，美国的一家公司利用大肠杆菌生产重组胰岛素获得成功，这也是人类首个基因工程药物。10 年后，人类便实现自由改造生物的遗传特性的目标。

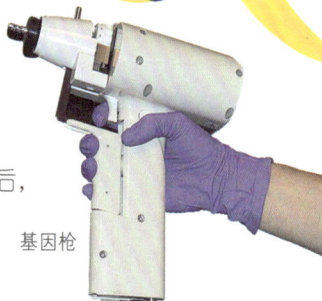

科学家正在给苹果做转基因实验

基因枪

技术原理

转基因技术的原理是将人为提取和修饰过的优质基因，注入到新的生物体基因中，从而实现改造生物的目的。人工转基因技术可利用的方法和工具包括显微注射、基因枪、电破法、脂质体等多种。

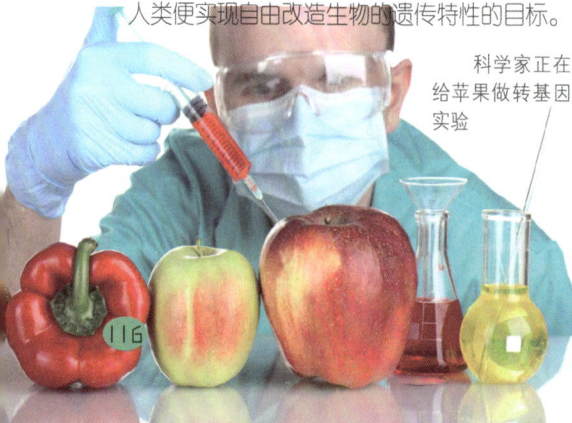

116

转基因草莓

转基因的分类

从过程的角度划分，转基因可以分为人工转基因和自然转基因两类；从实验对象的角度划分，转基因可以分为植物转基因技术和动物转基因技术以及微生物转基因重组技术。而通常提到的"遗传工程""基因工程"，便是人工转基因的同义词。

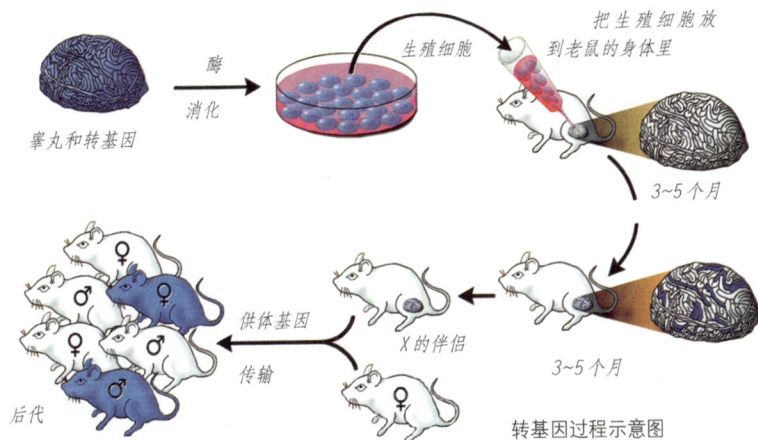

睾丸和转基因　酶消化　生殖细胞　把生殖细胞放到老鼠的身体里　3~5个月　X的伴侣　供体基因传输　后代　3~5个月

转基因过程示意图

转基因大豆

转基因牛

转基因的过程

转基因的过程包括以下五个方面：（1）提取目的基因；（2）将目的基因与运载体融合；（3）将重组的 DNA 分子注入到受体细胞；（4）筛选目的基因；（5）将得到的重组细胞，不断增殖，得到人们想要的基因特性。

应用领域

转基因技术应用领域非常广泛，如医药、工业、农业、能源和新材料等诸多领域都有转基因技术的影子。目前，科学家已经研制出基因工程疫苗、基因工程胰岛素和基因工程干扰素等转基因药物，并投入临床治疗阶段。

根癌土壤杆菌　细菌基因组　植物的染色体　冠瘿病　农杆菌引起冠瘿病

如果每天都吃转基因食品会怎样？

转基因食品安全吗？会不会对人体造成伤害呢？因为生物的性状存在不稳定性，很难预料在转移了基因之后，生物是否真的会按照人类预期的那样去生长，转基因食物对人体到底有没有坏处，在很多国家都存在争议。如果每天都吃转基因食品，人类的基因会不会也跟着受到影响呢？

不过也不用太担心，科学家对这种食物的安全性抱以了乐观的态度。他们的理由是，这些转基因生物和普通人工培育的生物一样，都是人类在生物体原有的基础上加入了新的性状。虽然科学界目前还不能准确地预测转基因生物的生长情况，但是投入到市场中的转基因食物都是经过很多道检测程序的，应该是非常安全的。转化的基因是经过筛选的，作用明确，而且转基因食品不会在人体内积累，因此不会对人类造成什么潜伏性、长期性的伤害。在美国，很多人都在食用转基因的水果，至今也没有发现谁食用之后身体出现了不适的症状。另外，人类之所以要改变食物的基因，就是为了尽可能去掉那些对人体不好的因素，增加对人体有益的因素。所以吃这些食物并没有什么坏处。

随着科技的发展，转基因食品会越来越完善。也许未来我们再也不用担心农药的危害，人们吃的食品都是新鲜的，我们的食品不会短缺……也许糖尿病患者只需每天喝一杯特殊的牛奶就可以补充胰岛素，也许我们会见到多种水果摆在药店里出售，补钙的、补铁的、治感冒的、抗病毒的……很有可能，转基因食品会让人类的明天更加灿烂。

无规矩不成方圆

自从转基因技术从人类社会流传到家禽王国以后，整个家禽王国都乐开花了。大伙纷纷来到家禽实验室报名，要求改良自己的基因。

最先进入家禽实验室的家禽是一只小母鸡。它听说了这个消息后，连夜排队，才占领了第一名的位置。它刚一进屋，就叽叽喳喳地诉说自己的苦恼："哎，我们鸡类最大的遗憾就是不敢下水，每次看到鸭子在清水面上欢快地戏水，我们别提多羡慕了。我偷偷地模仿过鸭子游泳，可是我这鸡脚刚一沾水，就吓得软了。打那以后，我再没下过水。所以，我要报名，改良基因，为我植入会游泳的鸭子的基因，这样我就可以带着我的后代下水游玩了。"实验室的科学家们觉得它说得很有道理，马上为它植入了鸭子的游泳基因。

真是天大的奇闻！母鸡带着它的小鸡崽们下水了！

过了几天，鸭子听说了此事。它也跑到家禽实验室要求改良基因。它嘎嘎地说道："嘎嘎！我们和大鹅一样，又会游泳，又能吃到水里的小鲜鱼，为啥我们的蛋就没有鹅蛋大呢？我要求植入大鹅的基因，我要下出鹅蛋那么大的鸭蛋来。"科学家们连连点头，马上为它植入了大鹅的基因。

嚯！现在的鸭蛋和鹅蛋一样大了，价钱都跟鹅蛋一样高了。

大鹅听说此事，也跑到家禽实验室要求改良基因。它左右摇摆着身子，脖子一伸一伸地高声叫道："我们的个头和天鹅差不多，长相也差不多，怎么我们就不能飞上天呢？非得困居在这条小河上？我们也有一飞冲天的志气。我要求植入天鹅飞翔的基因，飞上蓝天。"科学家同样满足了大鹅的要求。

这下子，大鹅也能展翅高飞了。地上的人根本分不清天上飞的是天鹅还是大鹅了！

大伙都听说转基因技术的厉害，纷纷提出自己的要求，都要求科学家帮助它们圆梦。不同的物种，甚至是相同的物种之间也会提出五花八门的要求呢！这可忙坏了家禽实验室的科学家们。并且，它们的改良，可给人类带来了麻烦了。

人类已经分不清谁是鸭，谁是鹅，谁是天鹅了！人类决定收回家禽王国的转基因技术，不许它们随意改变基因。这下家禽王国害怕了。家禽国王决定，除非是正常的物种改良，其他的无理性要求，一律免提。

总结起来，这个规矩就是——你生下来是什么就是什么，大鹅决不可以变成天鹅。

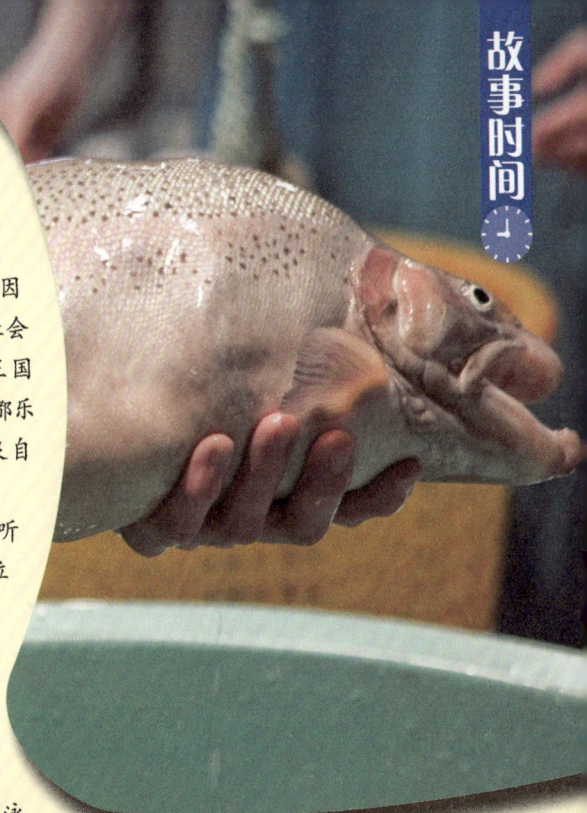

器官移植

移植手术需要健康的器官

器官移植，就是将一个健康器官移植到另一个个体体内，并使之迅速恢复功能的手术。器官移植能把那些因病变而导致功能缺失的器官，用新的健康的器官所替代，并担负起相应的功能任务。

移植种类

一次手术中共移植两个器官叫作联合移植，如心肺联合移植。一次性移植三个以上器官的手术叫多器官移植。对多个腹部脏器同时移植，如肝、胃、胰、十二指肠、上段空肠，又被称为"一串性器官群移植"。

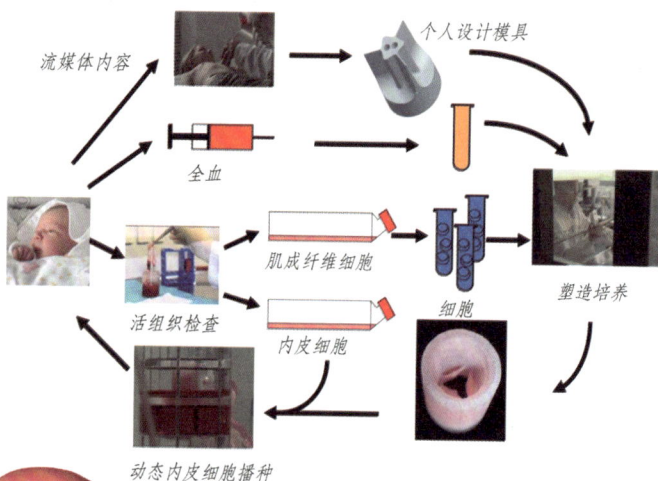
肝脏与心脏

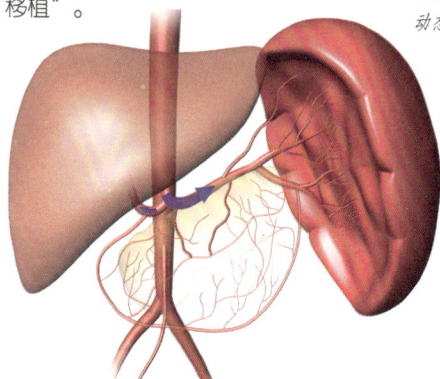

流媒体内容　个人设计模具　全血　肌成纤维细胞　内皮细胞　活组织检查　细胞　塑造培养　动态内皮细胞播种

器官移植过程示意图

技术难题

器官移植要保持器官的活力。成功的器官移植手术，需要突破3项技术难题：（1）完善的血管吻合操作方法；（2）完善的器官保存技术；（3）克服自身的天赋——排斥反应。在满足以上三点的前提下，器官移植的成功率才能更高。

世界首例

世界上第一例器官移植手术发生在美国，时间为1989年12月3日，手术属于多器官移植，移植的器官为肝、心、肾3项。整个手术过程持续时间超过21小时，手术十分成功，患者术后情况也很正常。

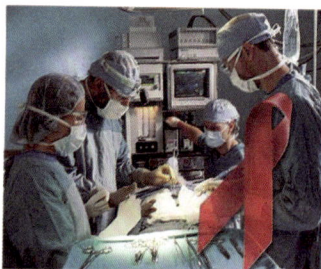
世界第一例肺移植手术

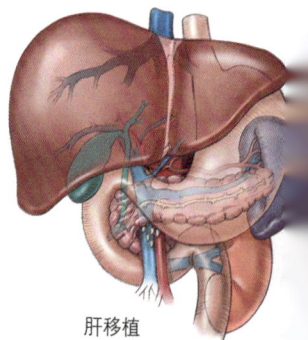
肝移植

把新肝脏缝合
到原来的位置

病肝切除

肝脏的一部分

分割肝脏移植

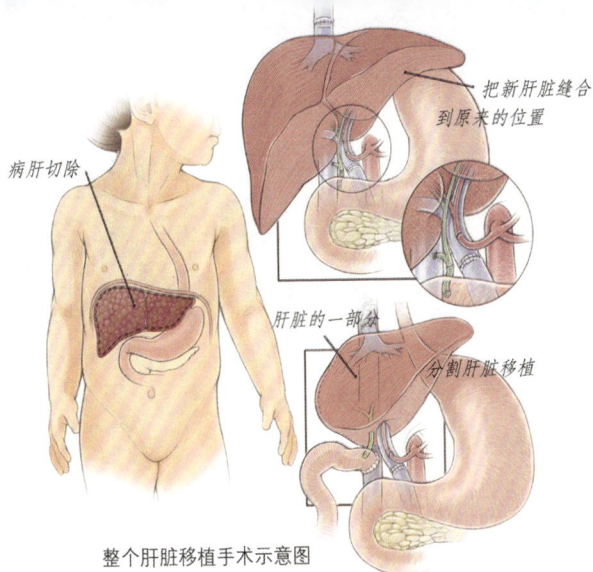

整个肝脏移植手术示意图

移植分类

　　器官移植可分为 4 类：（1）自体移植：指移植物来源于受者本身；（2）同系移植：指移植物的基因与受者相同或相似；（3）同种移植：指移植物属于另一个个体，但与受者的遗传基因有所差别；（4）异种移植，指移植物的来源是异种动物。

组织移植

　　组织是指人体的皮肤、脂肪、肌腱、血管和软骨等。除了同种皮肤移植属于活性移植外，其他各种组织的移植则被称为非活性移植或结构移植。组织移植成功后，它的功能并非由移植组织内的细胞的活性来决定。

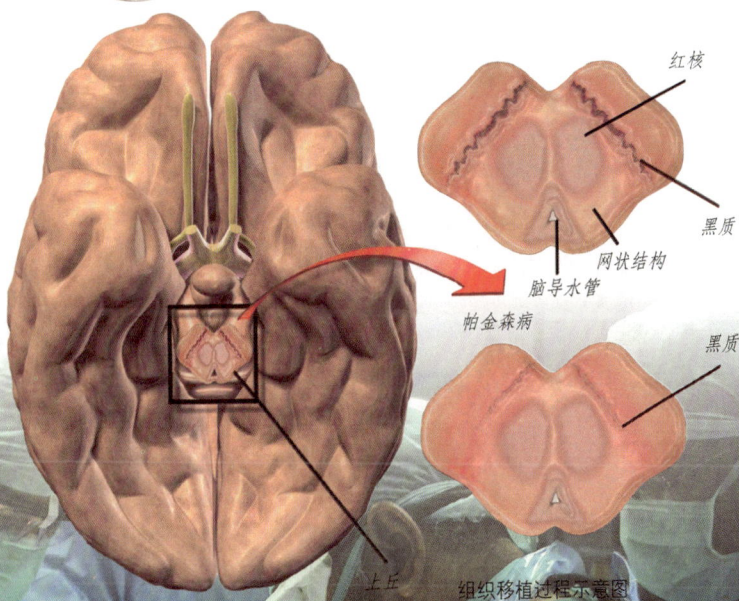

红核

黑质

脑导水管　网状结构

帕金森病

黑质

上丘

组织移植过程示意图

对人类的贡献

　　器官移植是 20 世纪的医学奇迹之一，对人类有重要的意义。半个世纪多的临床案例促进了各类器官移植技术的发展和不断的进步，加速了各种显微外科移植动物模型的建立和应用，增加了对各种新型疾病的认识和挑战等。

奇思妙想

这种人体内的导弹在医学上被称为生物导弹。它具有精确的导航系统，也具有高度的专一性、准确性。它只与人体中某些特点物质结合，以改变其特性，使它们失去活性。它这独特的性格，引起世界生物学者的高度重视。它有一个特别的名字——单克隆抗体。这种导弹由两部分组成，一是"瞄准装置"，由识别病变肿瘤的单克隆抗体构成；二是杀伤性"弹头"，由放射性同位素、化学药物和毒素等物质组成，它们都有很强的杀伤病变细胞的作用。

如今，生物导弹在医学上，特别在人体扫描图技术和肿瘤定位方面已获得很大进展。例如，向病人血液中注射用示踪量放射性物质标记的单克隆抗体，抗体将携带放射活性物质通过全身血液渗透到所有组织。由于肿瘤细胞表面有特异性抗原可与单克隆抗体结合，因而这种抗体－放射性同位素结合物就不断积累在肿瘤上。应用常规核医学显示微仪器扫描病人身体，就可以在摄影底片上得到放射活性图像，放射活性密集的区域即肿瘤所在部位。采用大剂量单抗体与同位素，可以获得一定的治疗效果。生物导弹除了能够诊断与治疗癌症和某些疾病外，最有希望的是在组织与器官移植过程中用以净化骨髓。因白血病病人有时需要进行全身照射治疗或化学治疗，以杀灭白血病细胞，但这种治疗也毁灭骨髓里有造血功能的多能干细胞，为此需要给病人移植骨髓以补充新的干细胞。这种移植可能引起病人的致死性反应，叫作移植物抗宿主疾病，因为移植骨髓里的T细胞把病人身体细胞视为异物并加以攻击和杀灭。为了避免这种致死性反应，必须在骨髓移植给病人之前清除其中的T细胞。应用抗T细胞的单克隆抗体就可以防止致死性反应。

生命更可贵

　　心和肝本来是住得不远的一对好邻居，它们从小就住在一个主人的体内，一起长大，成了很好的朋友。可是不幸的是，它们的主人生了重病死了，他的心和肝也成了没人要的流浪儿。更可怕的是，没人为它们提供寄生的环境，也没人为它们提供营养，心和肝可能也活不长了。

　　幸运的是，它们的长辈大脑在临死前曾对它们说："你们要想活命，就得去拜托一名医生，让他把你俩移植到新的主人的体内。不过，你们可能就得分开了，并且再也不能相见了。"

　　心和肝听了这话，伤心极了，它们哭泣着说："要是我们不能待在一块，我宁可死去！"可大脑却劝道："傻孩子，你们还年轻呢！有很多病人等着你们去救活他们的命呢！你们得抓紧时间去找医生了。"说完，它又默默地念叨着："希望你们运气好，找到同一个主人吧！"

　　心和肝听了大脑的话，也觉得救人更重要，它们急忙去找医生。医生见了它们十分欢迎，连忙说道："现在好多病人都在日夜期盼着你们呢！你们真是勇敢的好家伙！可是移植内之前，你们会受很多苦的，你们能承

到新主人体受吗？"

　　只要能救人就行。我命的可贵。"医生十分佩手术。

　　我们想进入同一个主人的体

　　"没问题，什么苦我们都不怕，们的主人死前非常痛苦，我们知道生服它们的勇气，打算立即为它们安排

　　"可是，我们能不能提一个要求，内？"心小心翼翼地问道。

　　"哎呀，真是不巧，现在正好有两个病人。一个需要移植心脏，另一个需要移植肝脏。要是你们同意的话，你们必须得分开了。要是你们非要在一起的话，就得等一阵子。这两个病人的希望就要落空了。"医生说得十分恳切，但他也要尊重心和肝的意愿。

　　时间紧迫，它们要立即做出决定。心和肝都留下了眼泪，它们实在不舍得分别，谁也不愿意开口，只能沉默着哽咽。

　　片刻之后，心哽咽着说："弟弟，我们虽然分开了，但是我们的新主人可以成为朋友，我们还能相聚的！救人最紧。"肝听了哥哥的话，点头同意了，因为它相信它们肯定还会再见面的。

　　手术进行得十分顺利，两位接受了器官移植的病人，真的成了朋友，他们经常见面，他们体内的心和肝自然也能够时常见面了。

杂交水稻

在生物界，存在着杂种优势的现象。杂种优势可提高农作物的产量和品质——这也是现代农业科技的一项重要突破。杂交水稻是选用两个在遗传上有一定差异，同时又具有互补性的优良性状的水稻品种进行杂交，繁衍出具有杂交优势的品种，进而投入生产。

近交系1　　近交系2

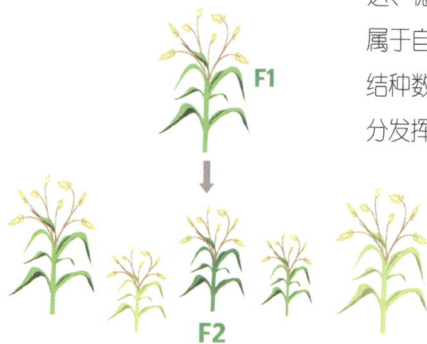

F1

F2

限制因素

水稻杂交之后会衍生出极大的优势，如生长旺盛、根系发达、穗大粒多等；但杂交水稻技术一直存在诸多限制，如水稻属于自花授粉植物，雌雄蕊生在同一朵颖花中，但颖花很小，结种数量极少，因此，长期以来，水稻的杂交优势未能得到充分发挥。

大米

成熟的水稻

攻克难关

美国人很早就提出了关于杂交水稻的设想，并于1963年在印度尼西亚栽培成功。但这种方法依然存在缺陷，无法进行大规模推广。日本人也曾提出过种种设想，但仍未解决关键的问题。杂交水稻的难关最终由我国农业科学家袁隆平解决，他也获得了"杂交水稻之父"的称号。

产量暴增

中国研制出的杂交水稻技术，获得了巨大的成功，不仅在中国得到了大力推广，也被越南、印度、菲律宾以及美国等多个国家引进，同样取得了巨大的成功。以越南为例，引进杂交水稻之前，越南水稻的平均产量为300千克，其中杂交水稻比常品种增产40%以上，越南也成为世界第二大大米出口国。

两系杂交水稻

两系杂交水稻又名光温敏不育系水稻。这种水稻的育性受日照时间长短和温度变化的影响：在长日照高温下，水稻体现为雄性不育的特性；在短日照平温条件下，水稻便恢复雄性可育的特性。因此，这种杂交水稻更具培养和繁育的优势。

A
B

异核体

B 细胞损失
细胞核

A 与 B 细
胞的融合

胞质杂种
合核细胞

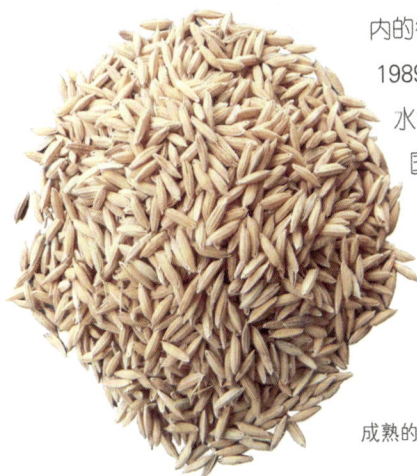

超级杂交水稻

超级杂交水稻属于水稻高产高育品种，包括日本在内的很多国家将其作为重点科研项目。国际水稻研究所于 1989 年启动了"超级稻"育种计划，并计划在 15 年内将水稻的产量提高一半，但计划并未如期实现。目前，中国的超级水稻计划早已获得成功，实现了预期目标。

成熟的水稻

杂交水稻之父

袁隆平，1930 年 9 月 7 日生于北京，江西德安县人，中国工程院院士。袁隆平是中国杂交水稻育种专家，被誉为中国的"杂交水稻之父""当代神农"。自 1964 年开始，袁隆平便开始研究杂交水稻技术，半个世纪以来，他始终耕耘在农业科研的最前线，为中国人培育出优质且亩产量更高的新型水稻，解决了中国人的吃饭问题。

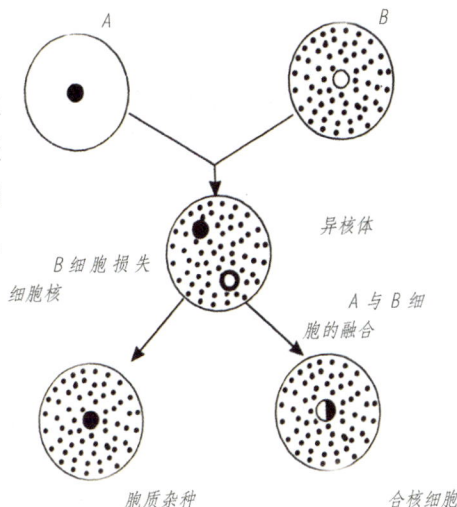

袁隆平研究杂交水稻技术

如果用蛋白质纤维做衣料会怎样？

奇思妙想

现代科技对植物的利用已经发展到多个领域，有人提出用蛋白质纤维做衣料，会出现怎样的情况呢？

蛋白质纤维是利用天然蛋白质制成的类似于羊毛之类的纤维。羊毛、蚕丝等为天然蛋白质纤维，已经是人类现在最为常用的衣料。人们还开发出新型的蛋白质纤维衣料，比如大豆纤维衣料。大豆纤维是以榨掉油脂的大豆豆粕为原料，提取植物球蛋白经合成后制成的新型再生植物蛋白纤维。大豆纤维具有羊绒的手感和真丝的光泽，其吸湿性能、透气性能和保温性能可与真丝、棉、羊毛等天然纤维相媲美。

但可以用来制作衣服的，不仅仅只有大豆纤维，还有牛奶蛋白质纤维。牛奶蛋白质纤维以牛乳为基本原料，一般称这种蛋白质纤维为"牛奶丝"。牛奶丝具有蚕丝般的光泽和柔软手感，有较好的吸湿和导湿性，较好的强度和延伸性，是一种制作内衣的优良材料，但因其纤维耐热性差、色泽鲜艳度较差、价格较高，影响了牛奶纤维的大量推广使用。

最近，科学家们正加紧研制一种能呼吸的皮肤织物——皮肤型蛋白质衣料，这是一种由蛋白质加工制成的蛋白纤维衣料。因为人体蛋白质水解后可得到 20 余种氨基酸，利用氨基酸聚合体制成的衣料具有皮肤的呼吸功能，既能保温，又能透气，而且雨水不会透进衣服。人体蛋白质的来源很广，泪水、唾沫、汗液中都有。如果将人体蛋白质纤维做成呼吸型衣料，那将是很有前途的服装新材料。

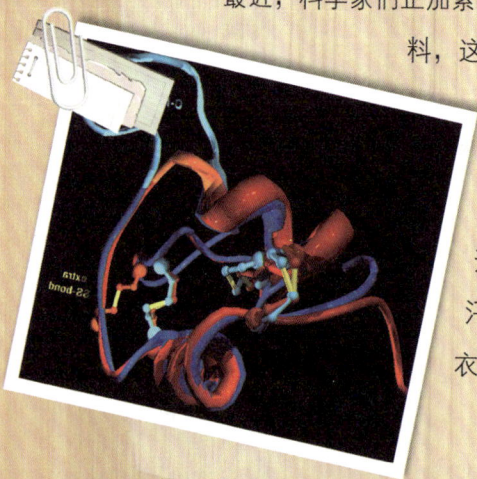

命名之争

科学家经过千挑万选后终于选出两株极具优势的水稻苗，其中一株水稻苗结出的果实颗粒大又饱满；另一株呢？结出的果实香甜可口，加工出的大米焖成米饭后满屋飘香。科学家将两株精选的水稻苗进行杂交育种后，收获了一株具有双重优势的水稻秧苗。

不过那两个优势基因虽说被融进了一株秧苗中，但它们却总觉得自己更重要，谁也不服谁。它们常常夸耀自己的优势，以便自己能成为新型水稻的代言者，用自己的优势为水稻命名。

果实大又饱满的基因常常说："你看看我的后代们，个顶个圆滚滚的，农民伯伯最喜欢我们了。所以，我们以后结出的果实必定是又大又圆，不如就叫'粒粒满'吧！别人一听就爱买我们的品种。"

可果实香甜可口的那个基因不干了，它立即反驳道："你真是老土！百姓把大米吃到嘴里，最看重的是口味。谁家的米好不好，闻一闻味道就知道了！所以，我们以后结出的果实必定又香又甜，名字一定得叫'颗颗香'！这样我们才会有好的销路。"

它们的对话被科学家听到了，科学家对它们说："你们的优势都是突出的，而我们现在要做的水稻杂交工作就是为了结合你们各自的优势的。所以，你们一样重要，谁也不差。"

这两种基因听了，觉得科学家说得有道理，可它们还是很关心新型水稻的名字是什么。

科学家乐呵呵地回答说："至于新型水稻的名字嘛，我们早都想好了，就叫'满粒香'。"

这下，两种基因就放心了，因为它们都被选上了，它们是同样优秀的。它们互相商量着，不再争吵了，以后要坦诚地拿出自己的优势，为人类贡献又饱满又好吃的米粒。

科学家听了，十分满意，对它们说："你们真是聪明，你们只要顺利地开花结果，再结出优良的果实就好了。以后我们会在你们的后代中选出更优质的种子，到各处去推广，让所有的人都吃上香喷喷的米饭。"

太空育种技术

太空育种，又称航天育种、空间诱变育种，是一种利用太空技术，将农作物的种子、组织、器官或生命个体等诱变材料，利用太空中的强辐射、微重力、高真空和弱磁场等环境使生物基因发生改变，再重返地面进行重新培育的育种技术。

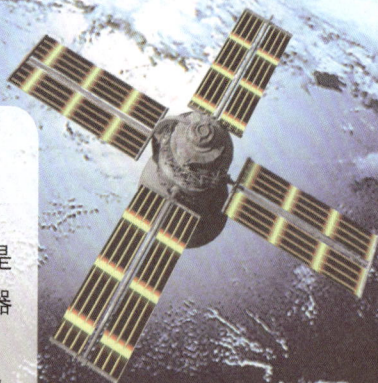

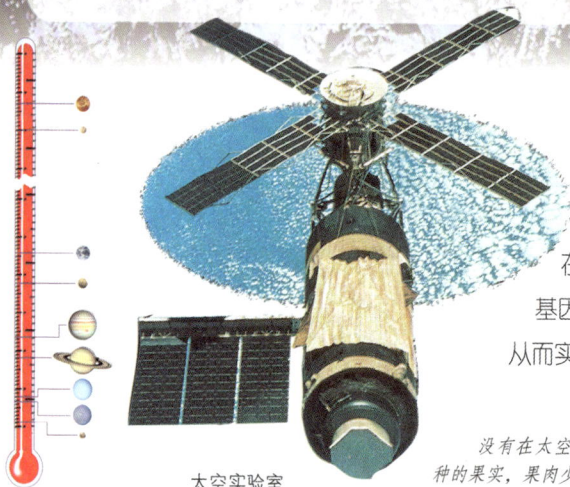

太空实验室

太空温度

技术核心

太空育种技术的核心内容是指利用太空环境对作物的遗传特性进行改变，在短时间内创造出地面条件下所不能实现的基因改变，并选出那些具有突破性的新的基因，从而实现植物育种的新方式。

没有在太空育种的果实，果肉少

在太空育种的果实，果肉多，口感爽滑

太空育种比较图

优势多多

通过太空育种的途径获取的新品农作物具有生长速度快、果实大而饱满、色泽鲜亮、口感爽滑的特点，并且营养丰富、品质优良，基本摆脱了对化肥和农药的依赖，适应性强，且不易受病虫侵害。

太空番茄

发展历程

最早利用太空育种技术的国家是苏联。苏联学者在20世纪60年代初期便对太空育种技术有所研究，随后，美国和德国等科学家也开展了对太空育种技术的研究和探索。1984年，美国将番茄种子送入太空，并证实这种变异的番茄种子培育出的番茄是安全可食用的。

口感香甜

　　经太空育种过的蔬菜比普通蔬菜味道更好，比如太空甜椒，不仅可以生吃，口感也更加甜脆，十分清爽。而"太空紫薯"更有水果一般的口味，生食爽口甘甜；熟食香甜软糯，可谓色香味俱全，具有很好的保健作用。

太空紫薯

太空土豆

太空土豆

　　"太空土豆"外皮呈黑色，但内瓤却是深紫色的，闻起来有萝卜的清香。营养丰富，富含花青素，既能美容又具有保健的功能。这种土豆亩产量高，虽然价格高，但依然有着很好的销路。

太空植物

太空农业城

太空医疗

太空医药

　　太空育种技术也可以与医药行业相结合，如今，我国科研人员已经成功研制出了治疗糖尿病、癌症等疾病的抗生素药品，如从太空菜葫芦里提炼出的苦瓜素便是治疗糖尿病的有效药物。如今，太空育种技术也被引入动物学中，取得了不小的成效。

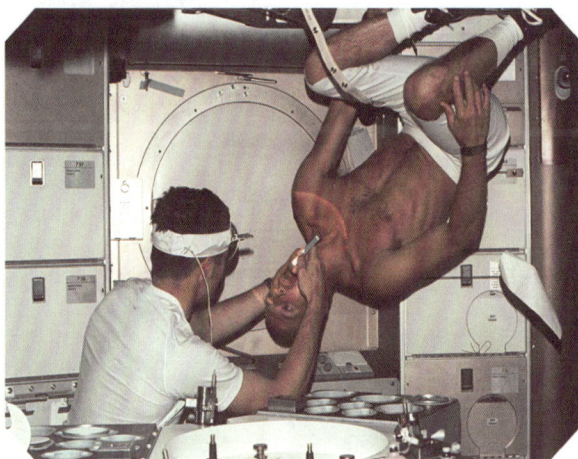

如果火箭要升上太空，是不是不能太重了？

奇思妙想

　　每一枚升入太空的火箭都肩负着重要的任务，也会携带很多的实验素材，如各种种子、小动物甚至是动物的细胞或是组织等等，那么火箭是否要控制它的重量呢？

　　单级火箭是不可能把物体送入太空轨道的，必须采用多级火箭接力的方式将航天器送入太空轨道。这也就表明火箭能够顺利升入太空，其自身的重量并没有多大的影响，而是要达到一定的速度。因此火箭都是多级火箭组成的，它肯定会十分沉重了。

　　火箭的运动服从于牛顿运动定律。火箭发动机工作时，喷出的高速气体给予火箭本体一个反作用力，即推力，使火箭的速度产生变化。在飞行过程中，随着推进剂的消耗，火箭的质量不断减小，速度不断增大。齐奥尔科夫斯基首先推导出单级火箭所能得到的理想速度公式，称为齐奥尔科夫斯基公式，这个公式假设火箭在真空中飞行，而且不受地球重力的作用。从地面起飞的火箭，要受到地球重力和空气阻力的作用，因此所得速度总比理想速度小。由于用单级火箭通常难以达到第一宇宙速度，因此远程火箭和运载火箭往往使用多级火箭。多级火箭由两级或多于两级的火箭组成。多级火箭工作时先点燃最下面一级，即第一级，第一级工作结束后随即点燃第二级，依此类推，直到带有有效载荷的末级将有效载荷送到预定轨道为止。火箭的级数增加，初始重量就会减小。但级数过多系统会变得复杂，反而没有好处，最经济的级数是 2～4 级。

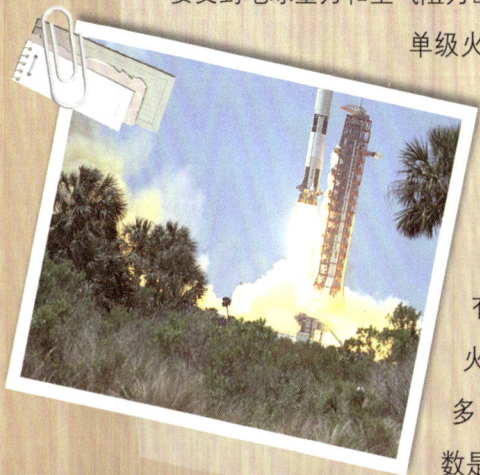

鹤立鸡群的太空椒

春天到了，科学家的试验田中又迎来新一轮的播种工作。

种子们都兴奋极了，叽叽喳喳地跳进了土坑中。它们有一个共同的心愿——要长出最大最好的果实，贡献给科学家，也贡献给人们。

几场春雨过后，种子们喝饱了，有了力气，纷纷钻出地面。这时候，所有的种子都没什么太大的区别，无论是辣椒还是茄子，或是西红柿，都是一些小嫩芽——只不过有些长得粗张一点，有些细弱一点而已。变成了小嫩芽的种子们比从前更兴奋了，互相鼓励着："一定要快快生长啊！"

夏天到了，阳光更充足了，雨水也丰沛起来。这些小嫩芽长得更茁壮了，它们像比赛似的，憋着劲地比谁长得更高，更壮实。而现在它们似乎也有了明显的差别，有几棵辣椒秧苗长得尤其茂盛——个子不仅比同种的辣椒高，连茄子、西红柿的秧苗都长不过它——就像"鹤立鸡群"似的。

周围的秧苗都感到好奇，互相谈论着那几个"怪家伙"——"那几个'傻大个'怎么长得那么着急？好像发疯了似的！""是呀！它们长得这么快，还以为是什么好事呢！等到结果的时候，它们可能就没有动力了呢！""是啊，那时候它们就会后悔的！"

大伙一边嘲笑着它们，一边也暗暗地较着劲儿地长个呢！——谁不想"鹤立鸡群"呀！

可是过了一阵子，试验田中流行起了可怕的"瘟疫"——好多秧苗都遭殃了。染了病的秧苗个个无精打采，身上挂满了伤痕，连站都站不直了。大伙一边打着"点滴"，一边"嗨呦！嗨呦"地叫着疼。可奇怪的是，那几棵"怪家伙"却成了这场瘟疫中的"幸运儿"——它们不仅没得病，还长得比从前更快了。想起自己生病所受的苦，大伙更嫉妒它们了，都在心里暗暗诅咒它们结不出好果子呢！

秋天也到了。大伙又恢复了精神，还结出了不少的果子。大家暗暗比较着，可是那几棵"怪家伙"又出彩了——它们的果子又大又饱满，还飘着诱人的香气！

大伙真是气坏了，觉得不公平，一定是科学家偷偷给它们加营养了。等科学家来的时候，它们果然抱怨起来。科学家听了，笑呵呵地说道："你们的生长过程都是一样的，只不过它们几个是上过太空的，是太空育种的试验品。当初我要选你们的时候，你们不都是害怕得后退吗？怎么能怪我呢？"

那些秧苗听了，都惭愧极了。这次，它们纷纷要求科学家把自己的种子也送到太空去培育一番呢！

巴氏灭菌法

巴氏灭菌法，又称巴氏消毒法，得名于其发明人法国生物学家路易斯·巴斯德。1862年，巴斯德发明了一种能杀灭牛奶里的病菌，但又不影响牛奶口感的消毒方法，即今日的巴氏消毒法。

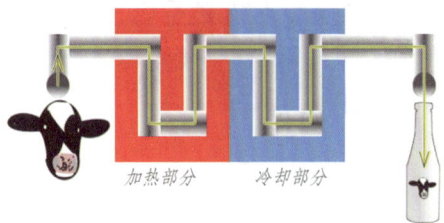

加热部分　冷却部分

新鲜的牛奶

巴氏杀菌奶

牛奶灭菌过程示意图

打开微生物大门之人

路易斯·巴斯德（1821—1895），法国微生物学家、化学家，近代微生物学的奠基人。巴斯德最大的贡献是为人类打开了微生物领域的大门，它创立了一整套独特的微生物学基本研究方法，提出"实践—理论—实践"的研究思路，具有极大的现实意义。

巴斯德做实验

水 CIP 的解决方案启动箱

储蓄槽

液体蛋进口

均质器

加热部分

67℃

加热区域

72~74℃

保温区

57℃

79℃

再生部分

4℃

4℃

3℃　液体蛋出口

冷却区

巴氏灭菌原理示意图

灭菌原理

巴氏灭菌法将混合原料的温度升高至68~70℃，并保持30分钟，随后急速降温至4~5℃，这样便可杀灭其中的致病性细菌和绝大多数非致病性细菌——因为急剧的热与冷变化可以导致细菌的死亡。

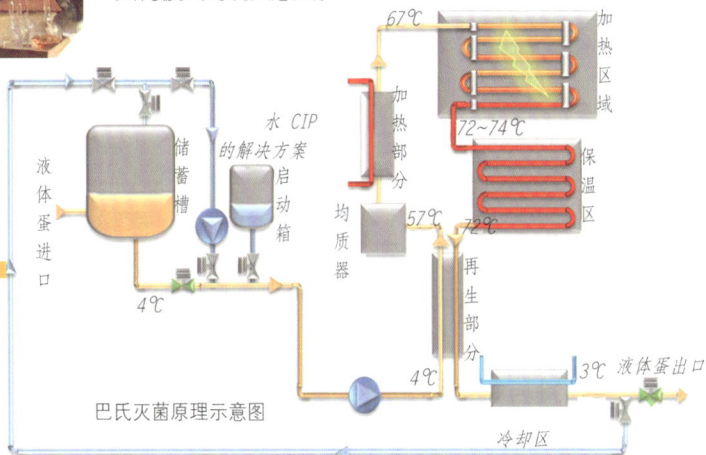

瓶装牛奶

主要应用

巴氏灭菌法主要应用于食品灭菌领域，但不同的食品有不同的目的，如牛奶、全蛋、蛋清和蛋黄等采用巴氏灭菌法主要是破坏潜在的病原菌，如结核杆菌和沙门氏菌；而啤酒等酒水饮料类产品，则是为延长品类的保质期。

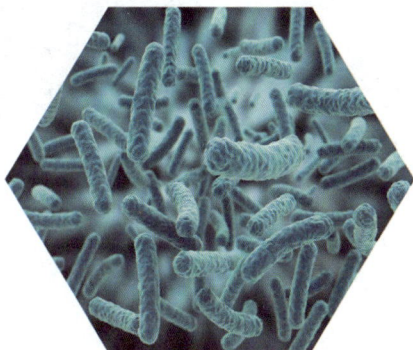
乳酸杆菌

难题破解

19世纪的法国酿酒业中存在一个难解的顽疾——葡萄酒在酿出后变酸，以致无法饮用。巴斯德研究发现，导致葡萄酒变质的便是乳酸杆菌。经过试验，巴斯德发现将葡萄酒在63.5℃的温度下加热30分钟，便可以杀死葡萄酒中的乳酸杆菌，同时又不影响葡萄酒的品质，这可以说是挽救了法国酿酒业。

超高温灭菌法

这是一种新型的灭菌方法，过程是将牛奶加热至100℃以上，但加热时间极短，以便保留牛奶中的营养成分。采用超高温灭菌法加工过的牛奶具有更长的保质期，生活中常见的纸盒装牛奶多采用此种灭菌方法。

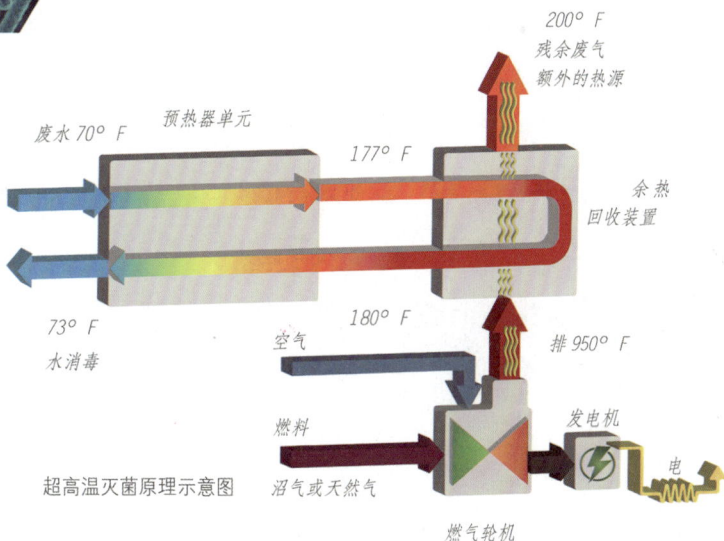

200° F
残余废气
额外的热源
废水 70° F
预热器单元
177° F
余热回收装置
73° F
水消毒
180° F
空气
排 950° F
燃料
沼气或天然气
发电机
电
燃气轮机
超高温灭菌原理示意图

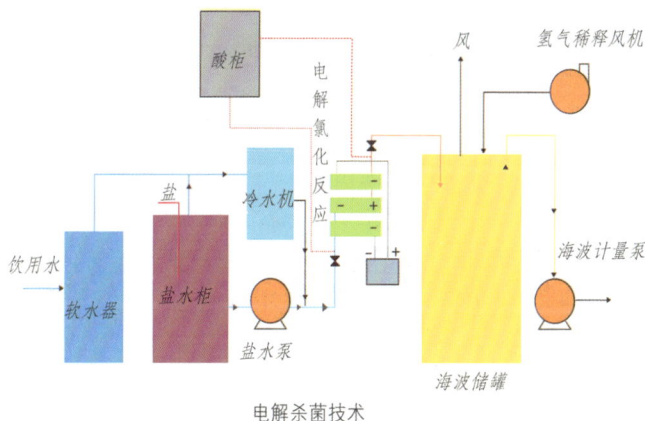

酸柜
电解氯化反应
风
氢气稀释风机
冷水机
盐
饮用水
软水器
盐水柜
盐水泵
海波计量泵
海波储罐
电解杀菌技术

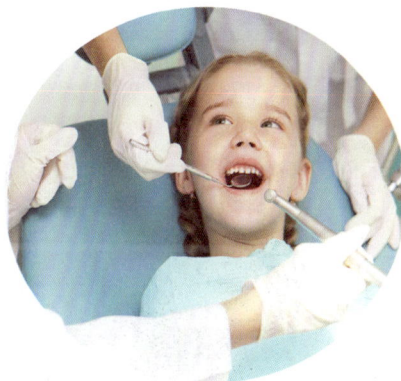
医生用激光杀菌

其他新型杀菌技术

除了超高温灭菌法外，科学家还研制出多种杀菌技术，如杀菌贮藏技术、电解杀菌技术、交流电杀菌技术、超声波杀菌技术、激光杀菌技术以及脉冲强光杀菌、磁场杀菌和微波杀菌技术。这些新型杀菌技术具有不同的杀菌原理和应用领域。

如果没有细菌会怎样？

细菌会给人们的生活带来不健康的因素，可导致人生病。如果有一种强力的杀菌剂，将地球上的细菌都消灭掉，世界就真的干干净净了。其实不然，地球上如果没有细菌及微生物，那么生物死了就不能分解，重新被利用了。如树林里会堆满树叶，大树小草都因为缺乏营养而慢慢枯死。植物没长嘴巴，吃不了树叶，必须微生物降解树叶成为腐殖质，植物才能再利用其中的营养。植物都死了，吃草的动物会先被饿死，吃肉的动物也因为没肉吃而饿死，最终地球将成为一个没有生命的荒凉星球。所以还是希望有细菌的存在。

世界上存在很多种有益的细菌，给人类的生产生活带来了很多帮助。说说距离人们最近的地方——口腔。这里汇集了100多种细菌，数量要比地球上的人都多！这些细菌并非全部都对身体有害。当外界的病毒侵入到人们的口腔时，这些细菌能够帮助人类抵御外来侵害。

在人体的肠道中，也生活着很多细菌。它们对人的系统并没有什么伤害，反而会促进食物的消化。人们每天吃到肚子里的食物，肠胃并非全部都能消化掉，有一些不好消化的，身体会主动拒绝去处理它。这时，肠道里的细菌就开始了自己的分解工作，它们利用自身的酶和新陈代谢，分解食物中的糖类，促进肠道对食物的消化。

由此看来，如果世界上真的没有了细菌，人类也会生活得很辛苦。

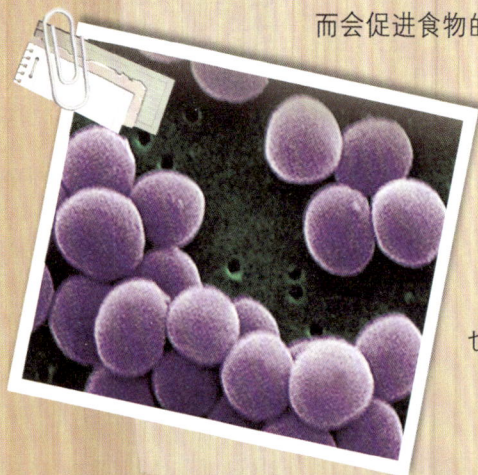

起死回生的牛奶厂

牛奶厂的牛老板最近的生活真是一团槽。他刚开张没多久的牛奶厂就要倒闭了——这可是他半生的积蓄呀！

本来他打算利用家族的优势开办一个牛奶厂，专为附近的镇子提供鲜奶。可是他的第一批牛奶刚上市，就惹出了麻烦——很多人喝过他厂生产的"优品"牛奶后竟然闹起了肚子！现在他的工厂都被人群包围了：供应商要求退货，退钱；而那些订奶的客户则要求赔偿——这可不是小数目。牛老板真是又急又冤枉：他的牛奶奶源优质，整个加工过程也有品质保证，怎么就会喝坏了肚子呢？

牛老板并不甘心自己的全部心血就这样付之东流。他四处聘请专家，希望能解答他的疑惑。在朋友的推荐下，他认识了一位著名的化学家。

化学家对此领域十分感兴趣，他亲自来到牛老板的工厂，并且让牛老板为自己演示牛奶的整个加工过程。化学家全程跟踪观看之后，又分别装走了几大罐牛奶——有刚从牛身上挤出来的鲜奶，也有经过加工的"优品"牛奶。

回到实验室，化学家立即开始了对两种牛奶的检测，他惊奇地发现——经过加工的"优品"牛奶中竟然检测出了更多的细菌，不是致人腹泻的罪魁祸首了。

化学家找到了问题所在，一大早 [......用说，这就] 他讲了症结所在。牛老板疑惑极了："我 [......就找来了牛老板，给] 怎么可能会滋生细菌呢？" [......的加工车间是无菌操作，]

"细菌的滋生是无孔不入的。只 [......要找到灭菌的办法，你的牛] 奶厂还能起死回生。"化学家对牛老 [......板分析道。]

牛老板也没有别的办法，只能将所 [......有希望寄托在化学家身上。他] 拜托化学家一定要帮他找到解决办法。化 [......学家满口答应，便回去研究了。牛] 老板每天都在焦急的等待中。

就在牛老板想要放弃的时候，化学家上门了。他兴奋地告诉牛老板，已经有人先他一步发明了"巴氏灭菌法"，并且他已经验证过了，十分有效。

牛老板立即引进了新式灭菌方法，这次，他的工厂生产的"优品"牛奶果然名符其实了，不仅保留了牛奶的营养和口味，还杀灭了细菌。

牛老板的牛奶厂终于起死回生了。

虚拟现实技术

虚拟现实技术（简称 VR）在本质上属于计算机仿真系统，它利用计算机生成一种模拟环境，这种模拟环境是一种多源信息融合的交互式的三维动态视景和实体行为的系统仿真，以便使用户"深入"到这种虚拟的环境中。

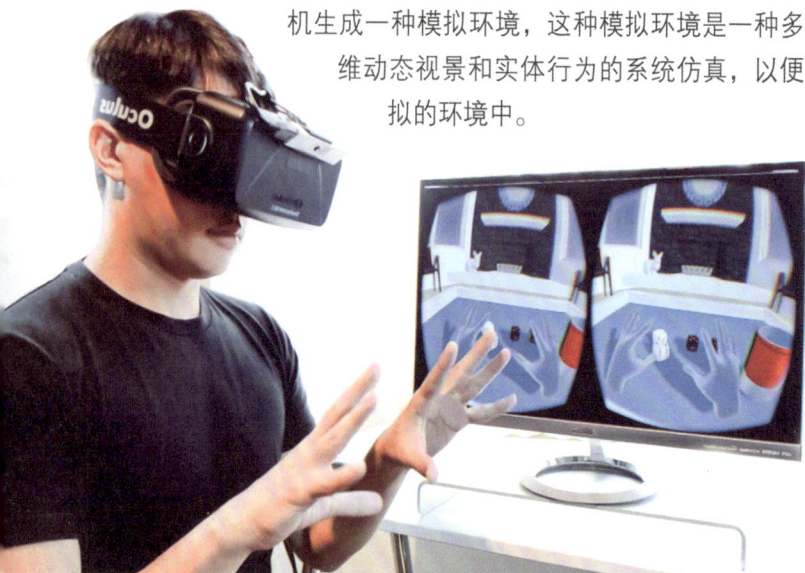

虚拟现实技术给用户提供真假难辨的环境

概念的提出

科学家很早就提出了虚拟现实技术的概念，1963 年之前，有声形动态的模拟便是蕴含着虚拟现实思想的最初阶段；1963~1972 年，又出现了虚拟现实技术的萌芽；1973~1989 年，科学家确切地提出了"虚拟现实"这一概念和初步的理论；1990~2004 年，则是虚拟现实理论进一步完善和初步投入运用的阶段。

真假难辨

虚拟现实技术的特征具有以下四个方面：多感知性、存在感、交互性以及自主性。科学家理想中的虚拟现实技术应该具有一切人所具有的感知功能，并能够为人提供一个使用户自身难辨真假的环境。

虚拟现实技术与图文技术的结合

融为一体

虚拟现实技术将多种技术融为一体，如实时三维计算机图形技术，广角立体显示技术，对观察者头、眼和手的跟踪技术，以及触觉／力觉反馈、立体声、网络传输、语音输入输出技术，等等。

医学应用

虚拟现实技术在医学方面有着广阔的前景。在虚拟环境中建立虚拟的人体模型，借助 VR 设备，可以让学生更真切地了解到人体内部的环境和器官构造，是一种生动的教学方式。

在临床手术的过程中，医生也可以在 VR 设备的协助下模拟手术，提高手术的成功率。

军事航天

军事与航天工业领域一直十分重视模拟演练的问题，而 VR 设备的出现，大大增强了军演或是模拟航天训练的真实性。美国在 20 世纪 80 年代起便开展了虚拟战场系统的研制工作，将多台模拟设备协同演练。

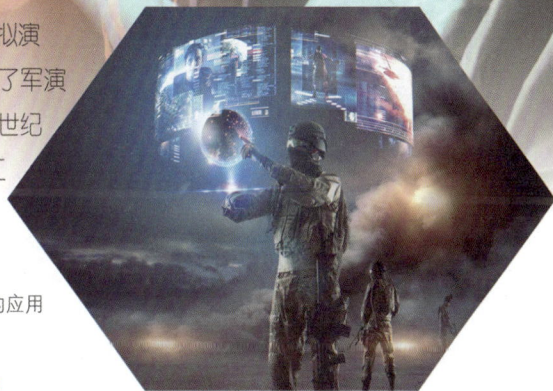

VR 在军事上的应用

VR 设备

娱乐新宠

VR 设备凭借着真实又丰富的感知力和 3D 环境深受年轻人的喜爱，发展十分迅速。在英美等发达国家早已开发出多种 VR 游戏系统，极具趣味性；如今，VR 游戏设备已进军家庭娱乐市场，前景十分乐观。

奇思妙想

现代科技发展的趋势是人性化，如同虚拟现实技术一般，重视的是人的感觉以及人机交互的程度。那么我们采取逆向思维的话，假如建筑物和人一样也有"感觉"，会怎样呢？

这种和人一样有感觉的建筑物，被科学地称为生命建筑。生命建筑有神经系统，能感知和预报建筑物内部的隐患、局部变形及受损情况；有肌肉，能自动改变建筑构件的形状、强度、位置和振动频率；有大脑，能迅速处理突发事故，能自动调节和控制整个建筑系统，让其处于最佳工作状态；它还具有生存和康复的能力，在灾害发生时能自己保护自己，使自己能够继续生存下去。

加拿大的科学家则在交通负荷量很大的大桥上使用了中长期监测的衍射光纤传感器，它不但能感知整座大桥的应力变化，还可以感知一辆卡车过桥时产生的振动和桥形的变化，而振动是桥梁和高速公路损伤的主要原因。美国南加州大学的罗杰斯和他的研究小组在合成梁中埋植入记忆合金纤维作为建筑的肌肉。由电热控制的记忆合金纤维能像肌肉纤维一样产生形状和张力的变化，使桥梁连接处经受振动的能力增加10倍以上。日本也发展了智能化的主动质量阻尼技术，当地震发生时，生命建筑中的驱动器和控制系统会迅速改变建筑内的阻尼物（如流体箱）的质量，从而改变阻尼物的振动频率，以此来抵消建筑物的振动。

科学家预言，不久的将来，生命建筑将在公路、桥梁中首先出现，到那时，一座桥梁或一段高速公路也许会自动告诉人们："我老了，我不行了。"这时，人们就可以及时地采取必要的防范措施。

VR 化时代

VR 技术被发明出来之后，便得到大力推广。VR 系统以其独特超前又富于趣味性和真实性的特点，普及率不断攀升，将世界引入了一个 VR 化的时代——那场景就如同很久之前的"电气化"一般。

你看！连一向古板的王教授一家都被 VR 系统"占领"了。此时，王教授正运用 VR 设备进行着自己的医学实验；他的老婆正用 VR 系统观赏最新的电影；而他的小儿子则在自己的房间偷偷地玩起了 VR 设备游戏。

看到自己的家族兄弟正"统治"着每一个家庭，VR 系统别提多得意了，它甚至不自觉地笑出了声。可它的这一声笑可吓坏了正在专心实验的王教授。

王教授四下看了看，又侧耳倾听了一番，才确定家中没有外人的声音，准备重新投入到实验中。VR 系统看到他那滑稽的样子，不禁在心里嘲笑他："哼！真是愚蠢的人类！只知道防范自己人，却不知道我们机器的智能早已进化到高级阶段了！我们就快要统治人类了。"

想到这儿，VR 系统不禁想戏弄一下古板的王教授。它先是强制关掉了王教授眼前的屏幕，又在上面显示了一行字："停下你的工作，我们聊一会儿！"王教授看到这行字，吓了一跳，怔怔的不知道说什么。

VR 系统便直接与他对话："是我，王教授，您是著名的教授，但您现在也离不开我们 VR 系统了。不是吗？我敢说，机器人的进化能力已经超出了你们人类的想象，恐怕地球就要被我们所占领了。"王教授听出了它口气中的狂妄，便问道："你说出这话，有什么依据吗？"

"我的依据太多了。您见多识广，肯定知道我们这个系统对于当今的世界来说有多么的重要。就说您家吧，您看，哪一位离得了我们这个系统。而这个世界呢？就连航天领域都得依赖我们的帮助。更别提生活的方方面面了：医疗手术，得靠我们进行术前演练才能提高手术成功率；计算机系统，必须安装新式 VR 系统；各种新式的可穿戴设备，哪一个离得了我们？"VR 系统越说越得意，似乎整个世界已然是它们的天下了。

忽然，VR 系统的字幕关闭了，连声音也消失不见了。屋子里安静极了。这是怎么回事呢？原来是王教授将自己家中的电源关闭了。他看不惯 VR 系统那不可一世的样子，他要给它点教训。

当电源再次开启的时候，VR 系统又恢复了正常，它沉默了。因为它忽然明白，没有了电，它就是虚无的，而那些实体设备不过是一堆塑料盒子而已。

可见光通信技术

可见光通信技术（简称"LIFI"），是一种利用荧光灯或发光二极管等照明设备发出的肉眼不可见的高速明暗闪烁信号来传输信息的技术。这种技术简单易行，只要将高速因特网的电线装置与照明设备相连，接通电源便可传输信号。

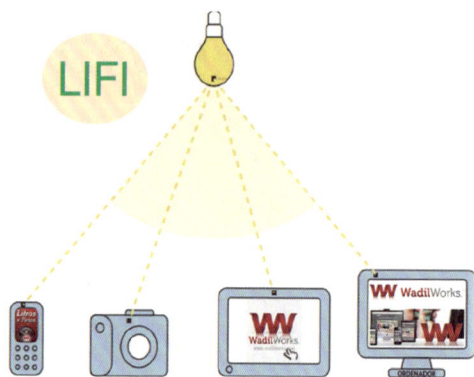

可见光通信技术

技术原理

LED 灯泡在点亮时，每秒会发生数百万次的闪烁，而这种闪烁是人眼无法察觉的；科学家将其明暗的变化编成二进制编码，通过光敏感器接收信号的变化，并传输出去；同时，在电脑上安装特殊的接收信号装置；灯光亮，电脑便可实现上网操作；灯光灭掉，网络信号便会消失。

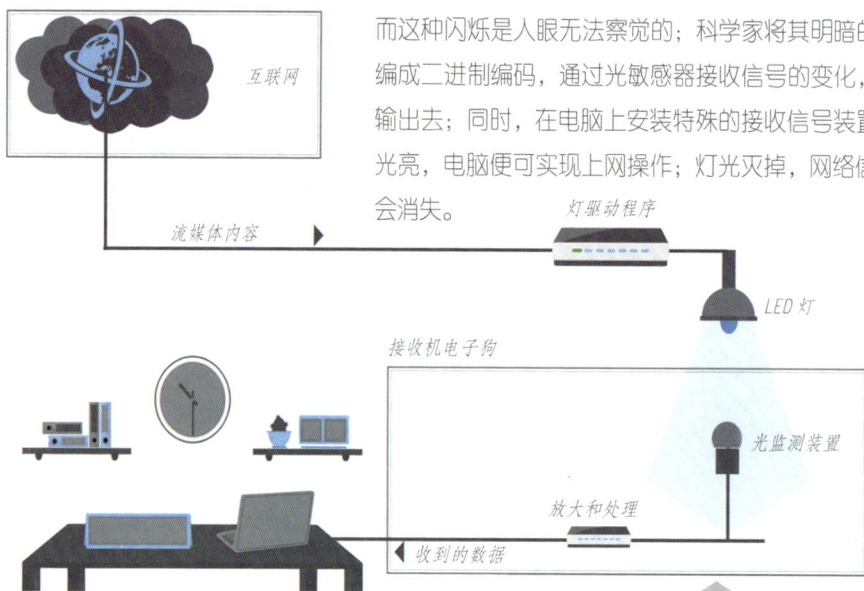

LIFI 原理示意图

灯光上网

目前可见光通信技术已经得到了科学家的试验证实。研究人员将网络信号接入一盏功率为 1W 的 LED 灯珠上，灯亮起后，完全可以满足 4 台电脑同时上网，传输速率可达 3Gps/s 以上，平均传输速率超过 150Mps/s，称得上世界最快的"灯光上网"。

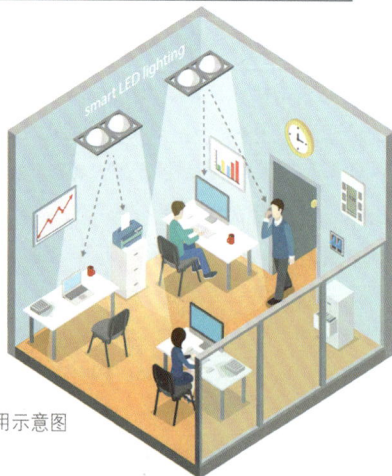

可见光通信技术的应用示意图

传输速度更快

与目前通用的信号传输系统无线局域网技术相比，可见光通信系统只需利用室内照明设备便可将信号发射出去，且速度可达每秒数十兆至数百兆；技术成熟时，速度可超过目前的光纤通信。

可见光通信技术具有传输速度快的优势

LED 灯亮起时，可以满足多台电脑上网

安全经济

可见光通信技术对环境要求低，只要有专业的信号传输设备以及灯光，便可以不间断地上传和下载高清视频；在安全性方面，只要将光线遮住，信息就不会传到室外，并且能容纳多台电脑同时上网。

衍生效应

目前，世界各国对于可见光通信技术都处于摸索阶段，我国也已加入了对该种技术的研究。在摸索的过程中，科研人员将可见光通信技术应用于城市车辆的移动导航和定位功能上，利用汽车的 LED 照明装置，实现汽车与交通管控中心、信号灯之间的通信，推进智能交通系统的应用进程。

如果没有电灯会怎样？

More

奇思妙想

没有了电灯，每天当太阳落山，夜幕降临的时候，人们生活的城市将是一片漆黑。其实在电灯问世以前，人们普遍使用的照明工具是煤油灯或煤气灯。这种灯通过燃烧煤油或煤气来照明，因此，有浓烈的黑烟和刺鼻的臭味，并且要经常添加燃料、擦洗灯罩，因而很不方便。更严重的是，使用这种灯很容易引起火灾，酿成大祸。

人类最早发明的电光源是弧光灯和白炽灯。弧光灯是在电极两端产生电离弧光的电光源。弧光灯的商业应用是由居住在巴黎的俄国人亚布洛契可夫开创的。他发明了一种被称为亚布洛契可夫之"烛"的弧光灯，这种弧光灯曾在欧洲广泛应用，但其缺点是用来发光的碳棒消耗量太大。1878 年，美国的布拉许发明了一种弧光灯，它的结构简单，用高压直流供电，在街道和广场照明中取得了成功。而白炽灯是利用电流使物体炽热、发光的原理而制成的。19 世纪中叶，人们就开始研制白炽灯。制造白炽灯首先要找到一种材料，当电流通过它而处于炽热状态时不致烧毁；其次要求价格低廉，不能像弧光灯那样消耗太多的碳棒。

1879 年，爱迪生完成了白炽灯的发明。这种白炽灯是把碳丝安装在抽去空气的玻璃泡内，寿命约 45 小时，每只的价格为 1.25 美元。他还设计了电灯的底座、室内的布线、街道的地下电缆系统，以及发电机等电力照明的成套设备。爱迪生之后，电灯不断改进。1903 年，美国奇异公司用钨丝制作白炽灯，将灯泡的寿命延长了。到 1939 年管状日光灯问世，很快就被广泛采用，成为又一种重要的照明光源。

Wi-Fi 信号变身记

一段本来插在无线路由器上的电线忽然被人掐住脖颈，拔了下来，连光纤信号都中断了。这段电线诧异极了，大喊道："是谁呀？谁在捣蛋，打扰我工作呢？"

科学家听到了，便对它说："你不要着急，我们在替你做好事呢！一会儿你就要变身了，会有更强大的功能。""那你们要带我去哪？我的工作可重要了呢！你们看下面的电脑没了我，立马'与世隔绝'，看它们急成什么样了？"电线着急的程度一点儿也不比电脑们轻，它可是最尽忠职守的。

正在抱怨着，电线忽然感觉自己被插到了一个新的接口上。"啪！"的一声过后，电线的眼前忽然放光，自己的眼睛都要被刺瞎了。它适应了好一会儿，才睁开眼睛。"你们竟然把我插到日光灯上，我的眼睛好痛！你们快放我下来！好热啊！我要被烤焦了！"电线大声地抗议着。

"别急，你这是初期的不适应，马上就好了。待会儿我把你的触角重新连接到电脑上的时候，你就会发现奇迹了。"科学家耐心地解释道。

可是电线根本听不进去，它浑身都难受极了，甚至把怒气撒到了日光灯的身上。厌鬼，快把我放下去，我凭什么要挨到罪？"

日光灯也感到委屈，但它懂事地一下，我们都是为了更好地工作呢！的合作是非常神奇的。你一定会感谢

日光灯的态度温和，电线也说不出它感觉自己另一端的触角被插到电脑的现了神奇的感觉。它觉得自己身子变得轻

"你这个讨你身边来受这份

安慰电线道："你先忍耐静下心来，你会发现，我们我的。"

什么了，只能独自叹气。忽然，主机上了，而自己的身上也出快了，信号流通得更快了。电脑又

与外面的互联网相连了，而它传输信号的速度不知道要快多少倍呢！下面的电脑也感觉到了，它们都齐声夸赞，说自己的效率更高了——大伙再也不用为争抢信号而打闹了。

这段电线也觉得自己豪极了，困扰它的信号分配问题终于得到了解决。它甚至为自己刚才的无知和鲁莽感到不好意思了。现在，它主动承担起了新技术的传播工作。它要让更多的同伴升级变身，才能更好地帮助电脑工作。

143

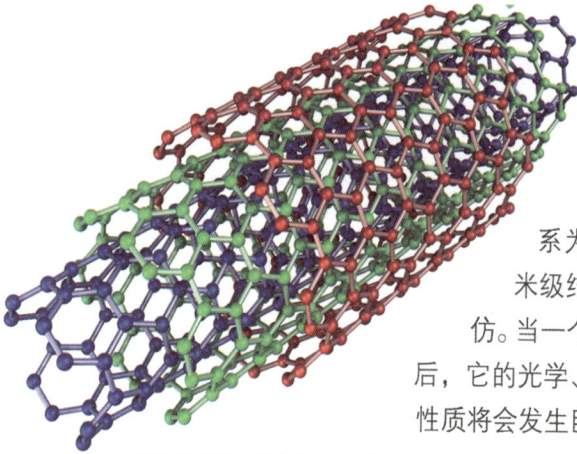

纳米材料

纳米是一个长度单位（它与毫米的换算关系为 1 毫米 =10^6 纳米）。而纳米材料则是"纳米级结构材料"的简称，这个长度与电子长度相仿。当一个大块固体物质被分解为超微颗粒（纳米级）后，它的光学、热学、电学、磁学、力学以及化学方面的性质将会发生巨大的变化。

碳纳米管是一种奇异分子，它是使用一种特殊的化学方法，使碳原子形成长链来生长出的超细管子，细到 5 万根并排起来才有一根头发丝宽

研究历史

人们对于纳米材料的研究可追溯到19世纪中期，但真正的纳米材料问世时，已经是 20 世纪 80 年代中期了。最早出现的纳米材料是纳米金属，后期又有纳米半导体薄膜、纳米陶瓷、纳米瓷性材料和纳米生物医学材料等多种产品相继问世。

纳米金属

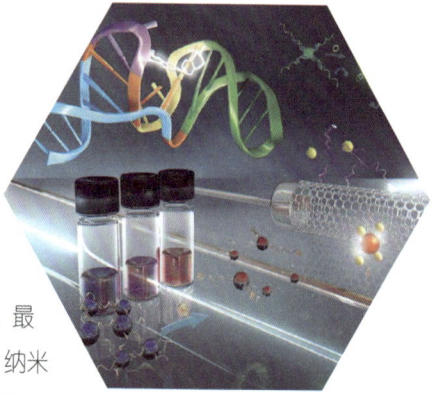

纳米材料

纳米材料做成的鞋

提取方法

纳米材料的颗粒极其微小，是不可能用研磨的方法获取的。目前，比较流行的有物理方法和化学方法两种。物理方法指惰性气体下蒸发凝聚法；化学方法则包含水热法和水解法两种。还有一种便是将物理方法和化学方法合二为一的办法。

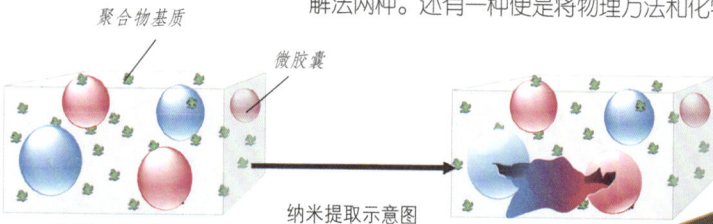

聚合物基质

微胶囊

纳米提取示意图

材料分类

纳米材料可分为以下四大类：纳米粉末、纳米纤维、纳米膜、纳米块体。其中纳米粉末技术最为成熟，其他三类产品都是纳米粉末的衍生物。纳米粉末可应用于高密度磁记录材料以及光电子材料或是太阳能电池材料等多个领域。

纳米芯片

天然纳米材料

科学家曾在鸽子、海豚、蜜蜂、蝴蝶以及海龟等常常进行长途跋涉的动物体内发现了用于导航的物质——天然纳米材料。以海龟为例，生于美国海岸的小海龟为了寻找食物，常常要跋涉到大洋另一端的英国附近海域，而它们不迷路的秘密就在于头脑内部的纳米磁性材料。

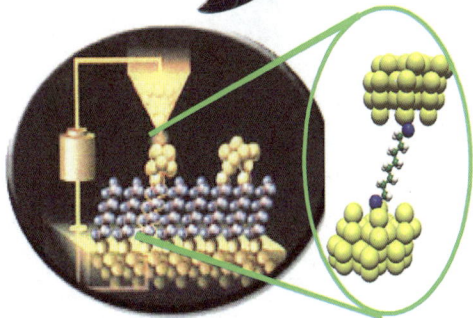

海龟的体内有纳米材料

纳米陶瓷材料

传统工艺所采用的陶瓷材料中的晶粒不易滑动，易碎，且烧结所需的温度较高；但若以纳米为原料制作陶瓷的话，材料本身便具有强度高、韧性好以及延展性优良的特性，且在较低温度下便可进行。

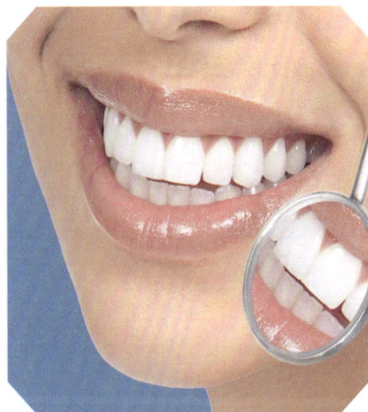

纳米陶瓷材料用于治疗牙齿

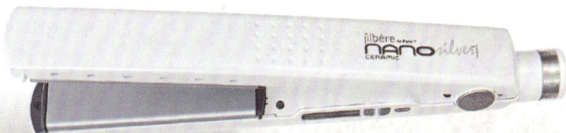

纳米陶瓷

息息相关

纳米材料的应用范围十分广泛，以医疗领域为例，使用纳米技术生产药品的话，能使药物发挥更大的作用，且具有消灭癌细胞或是修复损伤组织的功能；另外，纳米材料制成的抗菌除味塑料可作为冰箱或空调的外壳，具有抗菌、除味以及防腐、防老化等多种功能。

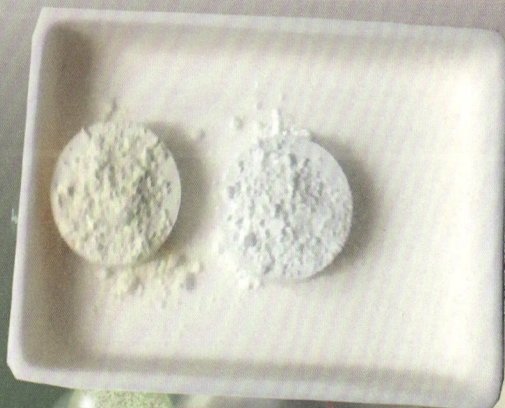

纳米药物

如果用纳米做地球到月球的梯子会怎样?

奇思妙想

碳纳米管是纳米技术中一种奇异分子，它的硬度与金刚石相当，却拥有良好的柔韧性，可以拉伸。它的密度是钢的六分之一，而强度却是钢的 100 倍。用这样轻而柔软、又非常结实的材料做防弹背心是最好不过的了。如果用碳纳米管做绳索，那它将是唯一可以从月球挂到地球表面而不被自身重量所拉断的绳索。如果用它做成地球到月球乘人的电梯，人们在月球定居就很容易了。

实际上，俄罗斯科学院已经研制出碳纳米管生产新设备。有关专家指出，使用该设备生产的碳纳米管，可用于连接地球和月球之间的运输线。俄罗斯科学家设计的"太空梯"由人造卫星、宇宙飞船、有效载荷舱以及细长坚韧的特种索道组成。俄罗斯科学家称，他们将在地球赤道的海面上建造一个平台，用飞船放下一条长达 10 万千米的绳索，并把它固定在平台上。当"太空梯"随着地球一起旋转时，由于旋转所产生的离心力正好抵消了地球的吸引力，"太空梯"就可以从地球到太空竖立起来了。然后，再用一个由激光提供能量的爬升器在缆绳上移动，运送飞船、建筑材料甚至乘客。尽管俄罗斯的"太空梯"还未研制成功，但美国科学家此前公布的一项研究成果却显示，在地球外层、距离地面 1000~20000 千米的区域分布着一条强度很高的辐射带，而在穿越该区域的过程中，宇航员们可能会受到致命的辐射。如果缺乏有效的防护措施，那么乘坐"太空梯"的乘客将会受到高强度射线的照射。另外，"太空梯"还会受到雷暴、飓风以及暴雪等自然因素的影响和限制。可见，如何真正安全地运行这种太空电梯，将会是一个具有挑战性的科学难题。

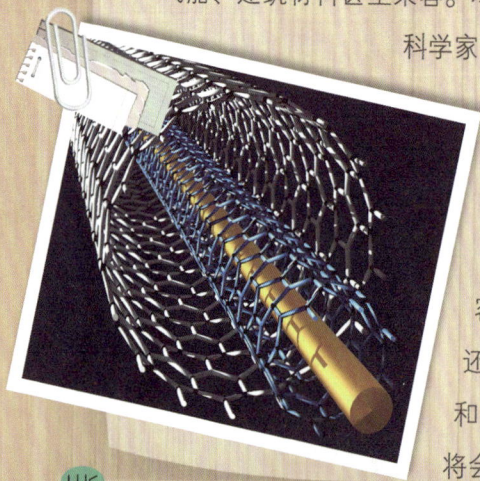

一诺千金

太阳跃上海面，将光和热洒在美国佛罗里达的海面和沙滩上，新的一天又开始了。一条小鲭鱼趁此机会钻出了海面，它要呼吸一下新鲜的空气，也要享受一下难得的安静。

不远处的沙滩上，一只海龟蛋裂开了，从里面钻出了一只小海龟。这是它们第一次见面。

鲭鱼看着小海龟费力地钻出蛋壳，又使劲甩甩头，摆摆四条孱弱的小腿，使劲地吸了几下海边的潮气，便笨拙地向着海面爬来。那副怯生生又呆头呆脑的样子在鲭鱼看来真是好笑极了。

它大声对小海龟喊道："嗨！小海龟，就要下水了，你可得做好心理准备啊！"小海龟听到这个声音，便轻轻地点点头，又回答说："谢谢你的提醒，你叫什么名字啊？"

"我叫鲭鱼，让我带着你慢慢游泳吧！"鲭鱼热情地说。经过一段时间的学习和适应，小海龟已经能自如地游泳。它们也成了很好的朋友。

可是过了几天，小海龟又来找鲭鱼了，它是来告别的："鲭鱼，我要和我的同伴们去英国附近的海域。"鲭鱼听了有些不舍。

"我们海龟家族的祖祖辈辈都是这样生活的，我必须跟上同伴们的步调。只是我也很舍不得你。但是你放心，我长大了还会回来找你的。"海龟安慰鲭鱼说。

"那怎么可能啊？听说一个来回要5～6年呢，你回来还能找到现在的地方吗？"鲭鱼觉得海龟是在骗自己。

"放心吧！我们海龟家族的脑袋中有一种特殊的器官，被人类叫作纳米磁性材料，可为我们准确无误地导航。有了它，走再远的距离，时间再长我们也不会迷路的！"小海龟自豪地回答道。

虽然两个小伙伴一副恋恋不舍的样子，可是小海龟还是跟着同伴们出发了。自打小海龟走后，鲭鱼的生活变得了无生趣，它相信小海龟会回来的，但偶尔也会担心小海龟大脑中的纳米导航材料会失效，找不到回家的路。

几年之后，鲭鱼每当想起它和小海龟的约定，总要嘲笑自己一番："也许人家小海龟早就忘了这件事呢！"

有一天，它忽然听到沙滩上传来一个熟悉的声音——"是小海龟回来了吗？"鲭鱼情不自禁地喊道。真的是小海龟，虽然它长大了许多，但它们的情谊却没变。

互联网

对于生活在 21 世纪的我们来说，"互联网"是一个耳熟能详的词，也是我们日常生活少不了的重要工具。互联网是一个无形的国际网络，它由一个个的小网络串联而成。互联网有时可简称为"网"或"网络"。

网络就是传媒，网络在人们生活中的作用异常大

局域网

将两台计算机或是其他的一些硬件连接起来，就构成了一个简单的局域网。这种局域网规模可大可小，常出现在某些学校或是单位的内部。为了方便某些工作的制定或执行，某一团体内部的电脑相互连接，组成一个封闭的局部网络系统。

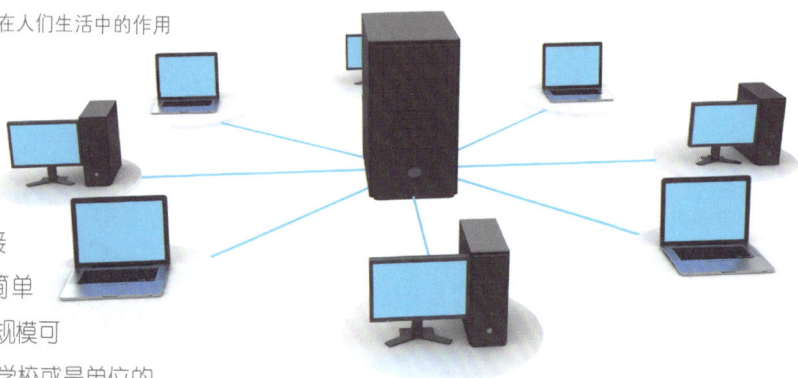

将各种计算机、外部设备和数据库等互相连接起来组成的计算机通信网就是局域网，简称"LAN"

局域网的变现形式

互联网的概念

互联网是在一定的通信协议的规则下，将单机、局域网以及广域网相互连接，共同组成的一个国际计算机网络。在互联网的协助下，身处世界各地的人们可以互相发送邮件，协同完成各项任务。

互联网让世界变成了地球村

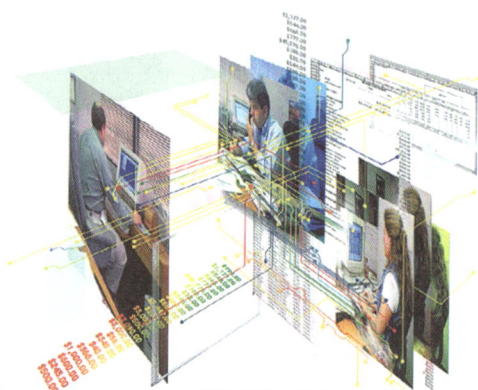

埃尼阿克使计算机的发展史又掀开了新的一页

最早的互联网

　　互联网诞生于美国。1969 年，美军在阿帕网指定的协定下，将位于美国西南部的四所大学的四台主机连接起来，由此，建构出最早的互联网雏形。这个协定由剑桥大学的两个机构负责执行。1969 年 12 月，四台主机开始联机运行。

第三代集成电路计算机——
IBM 360 型系列计算机

应用空间广阔

　　在不断的发展过程中，互联网的功用日益增多：以聊天为主的即时通信、游戏、查阅资料、浏览网页……不胜枚举。如今互联网又衍生出强大的营销、购物以及金融理财的功能，给我们的生活带来了便利。

智能手机

笔记本电脑

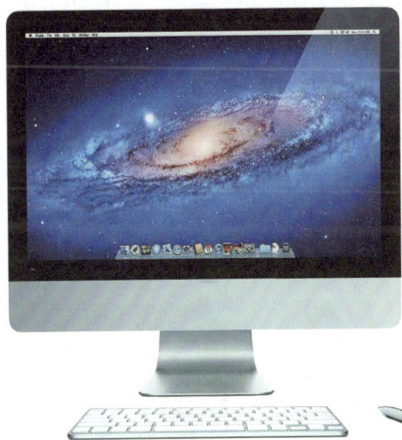

计算机硬件

手机上网不
断影响人们的生活

手机上网

　　智能手机普及率的提高，加速了手机上网比例的提高。2014 年，中国的网民上网设备中，手机使用率开始超过传统的电脑使用率。手机成了第一大网络终端设备。而手机上网的目的主要以休闲娱乐、信息交流、电子商务等为主。

如果没有了互联网会怎样？

奇思妙想

电视机的出现使人们自觉不自觉地改变了许多习惯，阖家围炉夜话的温馨、童话中娓娓道来的亲情已经是难得的奢侈。互联网的出现不仅演绎着同样的故事，而且有过之而无不及。没有互联网，人们之间也许会多一些直接的交流，重新体验到久违的亲情和友情，而不是虚无的冷冰冰的"机器之爱"。可是互联网带给人们的便利，又使得一部分人对它产生了强烈的依赖，在没有互联网的日子，他们痛苦万分，可以说这种表现已经成为一种心理疾病。

1969 年，为了能在爆发核战争时保障通信联络，美国国防部高级研究计划署 ARPA 资助建立了世界上第一个分组交换试验网 ARPANET，连接美国四个大学。ARPANET 的建成和不断发展标志着计算机网络发展的新纪元。20 世纪 70 年代末到 80 年代初，计算机网络蓬勃发展，各种各样的计算机网络应运而生，如 MILNET、USENET、BITNET、CSNET 等，在网络的规模和数量上都得到了很大的发展。一系列网络的建设，产生了不同网络之间互联的需求，并最终导致了 TCP/IP 协议的诞生。1980 年，TCP/IP 协议研制成功。1982 年，ARPANET 开始采用 IP 协议。到了 1986 年，美国国家科学基金会 NSF 资助建成了基于 TCP/IP 技术的主干网 NSFNET，连接美国的若干超级计算中心、主要大学和研究机构，世界上第一个互联网产生，迅速连接到世界各地。90 年代，随着 Web 技术和相应的浏览器的出现，互联网的发展和应用出现了新的飞跃。1995 年，NSFNET 开始商业化运行。

互联网家族 "不太平"

互联网家族是一个十分庞大的家族，它们的家族成员多得数不清，并且每时每刻都在增加之中。它们共同生活在一个虚拟的空间内。唯一能感觉到它们存在的便是一台台接入互联网世界的电脑。互联网家族的族长们为每一台接入它们的虚拟世界的电脑分配了一个独一无二的门牌号码——IP 地址。有了唯一的 IP 地址，这些电脑便可以自由地访问互联网世界了。

不过互联网世界也不总是太平的，有时候，它们也会受到无端的恶意攻击。有一群自称"黑客"的人，它们会不时地制造出一些病毒，投放到互联网的虚拟世界中，以此获取利益或是单纯地向周围的人炫耀他们的本事。

黑客们制造出的病毒一旦流入互联网中，便会像"流感病毒"一样快速传播。最容易受到侵染的就是那些没有防范意识的电脑。它们立刻失去了功能，变成任人摆布的木偶，连藏在电脑内部的秘密也会被黑客们盗取，电脑的主人们束手无策，只能求助正义的红客们。

红客们一旦收到消息，立即会在互联网世界中发布消息，告诉那些没有被感染的电脑立即采取措施加以防范。通常的办法是暂时关闭网络，退出互联网的世界中。

随后，红客们就开始了与分夺秒，查找大量的IP地址，测出病毒的暴发机制和传播

每到这个时候，整个互空前团结的，因为病毒是它们的工作，提供大量的信息，下的"蛛丝马迹"。

有的黑客技术高超，发明竟是正义的联盟，他们总能"道高

这样，互联网世界就会重新回到和平有序的氛围中。

出互联网

黑客们的博弈，它们要争找出病毒的发源地，又要推的途径。

联网家族都是十分紧张的，但也是们共同的敌人。它们积极配合红客同时也为他们收集黑客在互联网上留

的病毒也很难对付，但红客与互联网毕一丈"，找到合适的办法，杀死黑客的病毒。

3D 打印

3D 打印是基于数字模型文件、以粉末状金属或塑料等可黏合材料为主料，通过逐层打印的方式来构造物体的技术。3D 打印机的材料以数字技术材料制成，现在打印出来的产品已经可以直接用于生产领域。

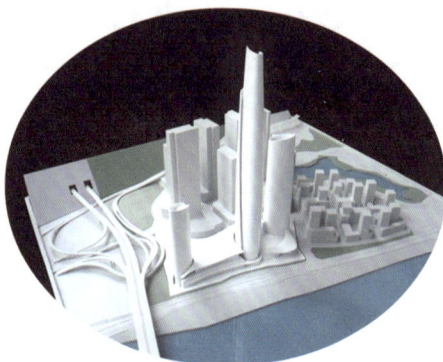

建筑设计院 3D 打印出的沙盘

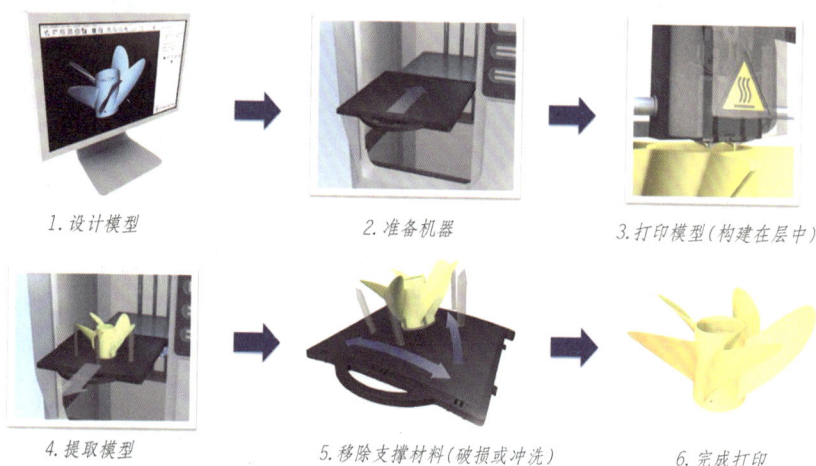

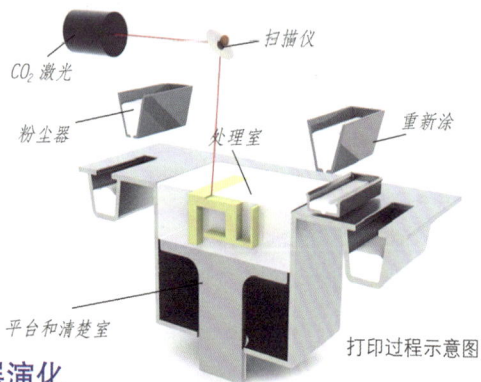

1. 设计模型

2. 准备机器

3. 打印模型（构建在层中）

4. 提取模型

5. 移除支撑材料（破损或冲洗）

6. 完成打印

CO_2 激光　扫描仪　粉尘器　处理室　重新涂　平台和清楚室

打印过程示意图

打印过程

3D 打印的过程可以分为三个步骤：三维设计、切片处理以及完成打印。在打印的过程中，可能会用到多种原材料。有些技术在打印的过程中可能还会用到支撑物，比如在打印那种有倒挂状的物体时。

阿迪达斯公司打印出定制型运动鞋

发展演化

20 世纪 90 年代中期，3D 打印技术开始出现，3D 打印实际上是利用光固化和纸层叠等技术的快速成型装置。打印的原理与普通打印原理相似，只是配备的"打印材料"是液体或是粉末。如今，阿迪达斯公司已打印出定制型运动鞋，预计 2018 年进入量产阶段。

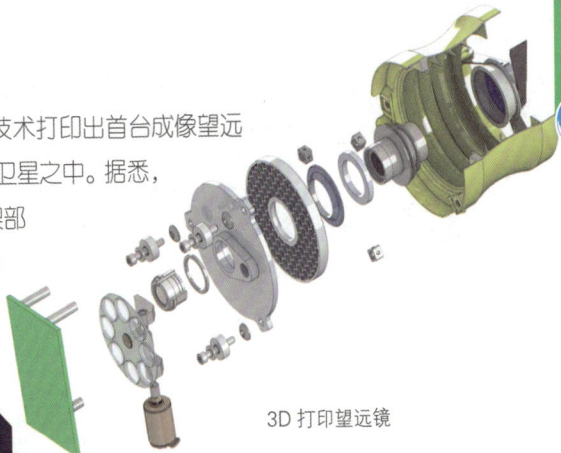

3D 打印望远镜

2014 年，美国国家航天局利用 3D 打印技术打印出首台成像望远镜。这台太空望远镜功能齐全，且能放入微型卫星之中。据悉，该款太空望远镜的外管、外挡板以及光学镜架部分全部由 3D 打印而成——只是镜头和镜面尚不能实现 3D 打印。

3D 打印望远镜

3D 打印技术打印药品

3D 打印制药

3D 打印在实现了打印人体器官后，又迈向了制药领域。2015 年，首款 3D 打印药物经过美国食品药品监督管理局批准上市。通过 3D 打印机打印出来的药片内部具有丰富的孔洞，内表面积极大，能迅速被水溶化，适合那些有吞咽障碍的患者。

固有弊端

3D 打印一经问世，便吸引了不少人的关注。但其本身存在固有的弊端，限制了它的发展。这主要体现在：（1）并不是所有材料都能打印出来；（2）动态的物体很难打印；（3）随意地复制有知识产权的物品会侵犯知识产权专利人的权益；（4）费用高昂以及一些道德问题也随之而来。

3D 打印机

如果没有扫描仪会怎样？

奇思妙想

现代的出版编辑产业都在使用扫描仪将出版物中所需要的图画扫到排好的电子版面中，如果没有扫描仪，电子排版就等于失去了一般的功用。还有现在比较流行的电子书籍，有很多都是将印刷文字扫描输入到文字处理软件中，避免了再重新打字，省去了不少劳力。如果没有扫描仪，很多电子书籍就不会出现在这个世界上了。

作为一种光机电一体化的电脑外设产品，扫描仪是继鼠标和键盘之后的第三大计算机输入设备，它可将影像转换为计算机可以显示、编辑、储存和输出的数字格式，是功能很强的一种输入设备。扫描仪的基本原理是通过传动装置驱动扫描组件，将各类文档、相片、幻灯片、底片等稿件经过一系列的光、电转换，最终形成计算机能识别的数字信号，再由控制扫描仪操作的扫描软件读出这些数据，并重新组成数字化的图像文件，供计算机存储、显示、修改、完善，以满足人们各种形式的需要。目前，扫描仪作为计算机的重要外部设备，已被广泛应用于报纸、书刊、出版印刷、广告设计、工程技术、金融业务等领域之中。它以独到的功能，不仅能迅速实现大量的文字录入、计算机辅助设计、文档制作、图文数据库管理，而且能逼真、实时地录入各种图像，特别是在网络和多媒体技术迅速发展的今天，扫描仪更能有效地应用于传真、复印、电子邮件等工作。通过扫描仪，计算机实现了"定量"分析与处理"五彩缤纷"世界的愿望，所以有人将扫描仪誉为计算机的"眼睛"也就是顺理成章的事了。

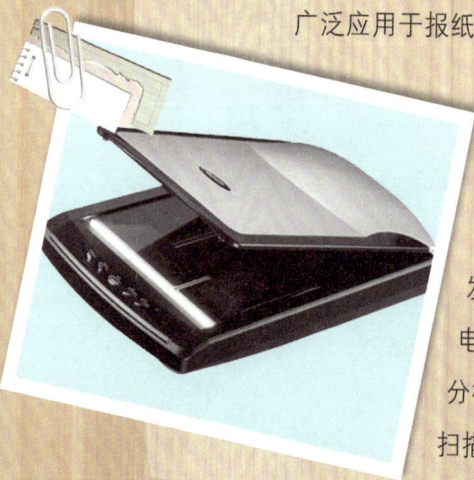

发明家的"法术"

砖头们的日子是越来越难过了。它们没什么本事，只能靠盖房子养家糊口，然而，新来的工头却苛刻至极，整天拼命地催促它们干活，要是干得慢了，连饭都吃不上，还要克扣它们的工钱——克扣的工钱自然都落入了工头的口袋。

过了几天，工头又把大伙召集起来，对它们说："国王要求我们在一个月之内建造出10座一模一样的房子，好赏赐给他的王子们。我们就要加班加点地干活，干不成的话，你们就要被杀头了！"

"这也太黑心了，这怎么可能完成呢？这不是要我们的命吗？"砖头们抱怨起来。"少废话了，谁敢反抗，现在就要杀头。"老实的砖头们只得把嘴边的话又憋了回去。它们得想办法快点干完。

回家的路上，大伙又谈论起这事，觉得根本不可能完成，神仙才能完成这个任务。巧的是，它们的话被一个路过的发明家听到了。发明家同情它们的遭遇，想帮助它们。

发明家回头对砖头们说道："你们不用担心，我有办法帮你们轻松地完成任务。""什么？你能在一个月之内盖出那么多房子？那怎么可能？除非你是神仙。"砖头们都诧异极了，以为它在说疯话呢！

"别担心，我是一个发明家，我的"法术"多着呢！而且，我教你们这个办法，你们以后就再也不用受苦受累了，还能轻松地赚钱。"发明家拍着胸脯保证道。

"那我们应该怎么做呢？"一个年龄很大的砖头问道。"你们只需要像原来那样干活就行了，什么都不用担心，一个月之后，你们趁天黑来我家里取房子就行了。"发明家嘱咐道。

大伙将信将疑，可目前也没别的办法，只好拼命地干活，然后等待奇迹的出现。

一个月过去了，约定的时间也到了，砖头们趁夜来到了发明家的家里取房子。发明家带着它们走到一片空地上，果然那里矗立着10座一模一样的房子。大伙惊讶地张大了嘴巴，不知道说什么好。

发明家告诉它们，这房子根本不是"盖"出来的，是利用最新的3D打印技术复制出来的。你们只要把它搬走就行了。以后你们也不用那么辛苦了，只要拿走我的打印机，回去直接打印房子就可以交工了——不过你们要保密，不要让坏人得到了我们的技术。

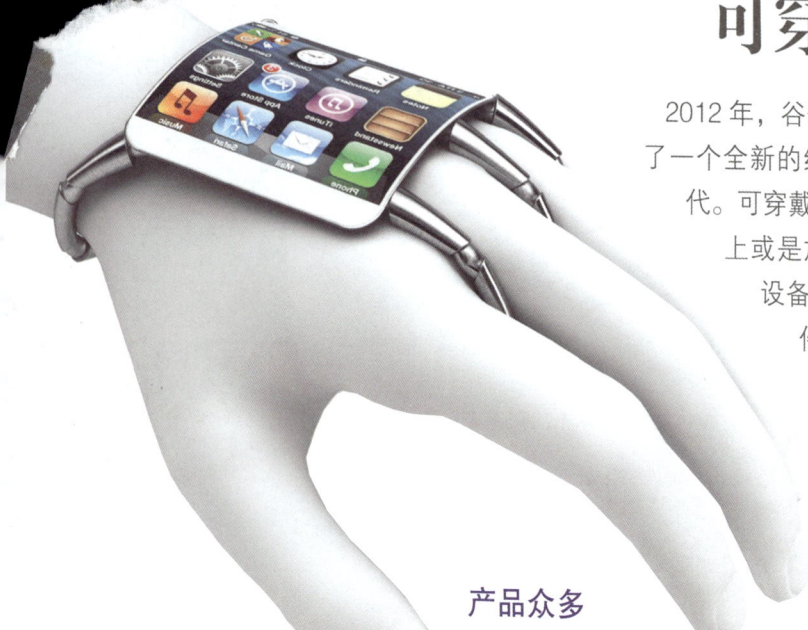

可戴在手腕上
的手机概念设计

可穿戴设备

2012 年，谷歌眼镜问世，它为人们开启了一个全新的纪元——智能可穿戴设备时代。可穿戴设备是一种能够直接穿在身上或是放在服饰配件上的智能便携设备。从外表看，它们是一种硬件设备，但它们又能够在软件的配合下实现数据交互等强大功能。

产品众多

可穿戴设备多具备初步的计算功能，可与手机或其他智能终端设备相连，处于配件之类的从属地位。目前市场上最主要的三种形式为 watch 类，即手表和腕带等产品；shoes 类，包括智能鞋、袜或其他类型的腿上佩戴产品；glass 类，以眼镜、头盔或头带为主要产品形式。此外，市场上也存在着智能服装、书包、拐杖等多种形式的小众产品类别。

智能手表

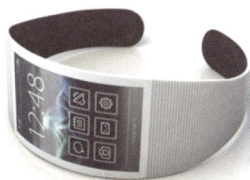

智能腕带

谷歌眼镜

固有弊端

智能可穿戴设备虽然极具创新性与便利性，但却存在着固有的弊端，如价格昂贵、电池续航时间短以及不能独立使用或功能不全的问题。此外，可穿戴设备又引发出隐私泄露及增加辐射等多方面的隐忧。

谷歌眼镜

　　谷歌眼镜是一款具有"拓展现实"功能的可穿戴智能设备，诞生于 2012 年 4 月，开发者是谷歌公司。谷歌眼镜具有智能手机的功能，即可实现声控拍照、视频通话以及辨别方向、上网、处理文字信息和电子邮件等多项功能。

谷歌眼镜具有智能手机的功能

谷歌眼镜的构成

　　谷歌眼镜由两个主要部分构成，即悬置于眼镜前方的微型摄像头和位于镜框右侧的宽条状的电脑处理器。谷歌眼镜的摄像头像素级别为 500 万，拍摄视频的分辨率可达 720P。在眼镜的镜片位置配备了一个微型显示屏，以便显示高清图像。

电脑处理器

微型显示屏

微型摄像头

谷歌眼镜

现实应用

　　谷歌眼镜具有极为广阔的应用空间，如教育、航空、以及医疗保健和执法等多个领域和部门。以教育领域为例，谷歌眼镜将学习的过程简单化，更具互动性。通过谷歌眼镜，教育过程将即时传输到受众的显示设备终端，高效且便捷。

如果衣服也变得"智能化"会怎样？

More

奇思妙想

随着计算机的普及，为了满足个人使用计算机的方便，有些国家的计算机专家已经研发出来了各种计算机时装，将计算机安装在时装上，成为衣服上的一种装饰。法国巴黎曾举办过一场高科技时装展，场上的一幕幕令人惊叹：模特并没有动手，外套就自动解开了，长裙也慢慢收缩变成短裙。其实这些衣服都藏有机械滑轮和杠杆，是全自动拉锁及纽扣。

最为神奇的是比利时科学家曾经研制的一种会"思考"的衣服。这种智能衣服从外观上看像是一件衬衣，却是由多层物料缝制而成。衣服的每一层均装有不同功能的感应器和装置，例如，衣服的智慧记忆层内置电脑记忆系统；能源供应层备有电池，为各种装置提供动力；动作感应层的感应器能监察主人的动作和周围环境；储物层可辨认衣袋中的物件；声音层提供音频输入装置，并连接到内置无线电话；扬声器位于衣领，而麦克风则位于袖口。科学界解释，只要在钥匙中植入一枚电脑芯片，然后将有关数据输入衣服中的电脑芯片，以后忘记带钥匙时，衣服的电脑芯片马上就能感觉到，并发出提示。"会思考"的智能衣服内置的仪器，不但能够收集人们的数据和资料，而且懂得分析处理这些资料，加以适当的应用。所以它们不仅能够提醒人们别忘记带钥匙和钱包之类的随身物件，也可以准确探测穿衣人身在何处、正在做什么以及身边的各种声音、光线、动作和是否受到安全威胁等等。而科学家今后研究的目标是把各种装置的感应器安置在布料之中，研制出可以像人一样思考的衣服。它不仅可以接听电话，还可以监控人体的多种功能，如心跳、血压、体温等，给穿衣者检测身体。

智能设备卧谈会

夜深了，忙碌了一天的家人都结束各自的工作准备休息了。这时候，他们放下了属于他们自己的智能设备：爸爸摘下了他的智能眼镜，小心地摆放在桌子上；哥哥也早已脱下了他的智能跑鞋，摆在了客厅的门口；而奶奶呢，也摘下了她的智能手表，很快睡着了。

听着一家人沉沉的呼吸声，家里的智能设备便开始活跃起来。它们通过无线设备能够实现彼此对话，当然，它们的对话只限于在屏幕上打字而已。

最先打开话题的是智能设备的元老——智能眼镜。它急于分享自己一天的英勇事迹呢！原来它的主人是一名直播记者，在智能眼镜的帮助下，他的工作轻松又便捷，再也不用像过去那样忙忙碌碌争分夺秒地采访、写稿子了。他现在只要打开智能眼镜的摄像头，会议的全程都会被直播出去，而且立即传播到世界各地。今天，它帮助主人完成了一场完美的会议直播。下班回家的路上，它们居然碰到了抢劫。当抢劫犯从他的主人身旁跑过的时候，主人不动声色地眨了眨眼，智能眼镜便收到了"暗号"，立即给犯罪分子拍下了高清照片。随后，它们将照片传给警察局。不一会儿，警察就查出了犯罪分子的身份，将他迅速抓获了。

其他的小伙伴听了，都对智能眼镜表示佩服，说它机智勇敢。

它的话音刚落，智能手表便接过了话题。"我今天也为主人做了好事呢！老奶奶血压高，戴上智能手表，随时监测血压，今天她的血压升高了，我急忙将信息传递到她女儿的手机上。她女儿一得到信息，便带她去看医生。好在老奶奶并没什么大碍。"智能手表的话音落下，大伙又是一阵掌声。

接着，智能跑鞋也说话了："我今天的工作都是一些常规的训练。哥哥穿着我训练。我帮他记录训练时的各项数据，等到训练结束，这些数据就传送到电脑上。教练和哥哥共同分析，想出了好多办法提高哥哥的技能。"——"真希望他能在下个月的运动会上取得优异的成绩。"智能手表不禁感叹道。

每次的卧谈会，大伙都很兴奋，也很自豪——因为它们都在为人类提供优质的服务，帮助人类解决了不少的问题。

图书在版编目（CIP）数据

科技解密 / 黄春凯编. -- 哈尔滨：黑龙江科学技术出版社，2019.1

（探索发现百科全书）

ISBN 978-7-5388-9854-5

Ⅰ. ①科… Ⅱ. ①黄… Ⅲ. ①科学技术 - 少儿读物 Ⅳ. ①N49

中国版本图书馆 CIP 数据核字(2018)第 211556 号

探索发现百科全书·科技解密

TANSUO FAXIAN BAIKE QUANSHU · KEJI JIEMI

作　者	黄春凯	
项目总监	薛方闻	
策划编辑	薛方闻	
责任编辑	侯文妍　张云艳	
封面设计	佟　玉	
出　版	黑龙江科学技术出版社	
	地址：哈尔滨市南岗区公安街 70-2 号　邮编：150001	
	电话：（0451）53642106　传真：（0451）53642143	
	网址：www.lkcbs.cn	
发　行	全国新华书店	
印　刷	北京天恒嘉业印刷有限公司	
开　本	787 mm × 1092 mm　1/16	
印　张	10	
字　数	200 千字	
版　次	2019 年 1 月第 1 版	
印　次	2019 年 1 月第 1 次印刷	
书　号	ISBN 978-7-5388-9854-5	
定　价	39.80 元	